MATLABによる統計解析

Statistical Data Analysis using MATLAB: Introduction to Basic Data Science

データサイエンスの基礎を学ぶ

FUJIWARA Takeo　SHIMADA Takashi
藤原毅夫・島田尚
[著]

東京大学出版会

MATLAB® および Simulink® は The MathWorks, Inc. の登録商標です.

Statistical Data Analysis using MATLAB:
Introduction to Basic Data Science

Takeo FUJIWARA and Takashi SHIMADA

University of Tokyo Press, 2025
ISBN978-4-13-062467-1

まえがき

　統計とは，「集団における個々の要素の分布を調べ，その集団の傾向・性質などを数量的に統一的に明らかにすること．また，その結果として得られた数値」(『広辞苑　第7版』,岩波書店）のことである．本書では，MATLAB を用いた計算の実際を示しながら，統計に関する学問である統計学の基礎と使い方について解説する．

　統計学は数学の一分野である．最近では，社会の急激な変化に対応するために，統計学，情報学，通信，制御，センシング技術などを基本要素とした全体が必要となっている．それら全体はデータサイエンスという大きな枠組でとらえられている．自然科学・工学分野だけでなく社会科学，政策科学の分野でも，データサイエンスは社会を知り社会を動かすための重要な技術であり，データサイエンスの重要性は急速に増している．

　実際の場面では，データ量は膨大であり，いわゆるビッグデータへの関心も高い．そのため計算機利用は必須である．理工系学部では，各段階でプログラミングを学ぶ機会も多いが，我が国の文科系学部では，本格的にプログラミングを学ぶチャンスはいまだに限定的である．これらの理由から本書では，文理の如何にかかわらず容易に学ぶことができ，また利用する環境が整備されてきたグラミング言語である MATLAB を利用する．

　他のスクリプト言語と比較して，MATLAB にはさまざまな優位性がある．たとえば，初学者にとって学びやすく読みやすい．さらに統計解析用のコマンドが豊富で，演算速度，精度の高さ，描画機能，他の言語との連携，実装の容易さにおいて優れている．またバージョン管理や責任，サポート体

制などの面でも大変充実している．

　本書の執筆にあたっては次の事項を注意した．
(1) 序章において，MATLAB についての必要最小限の説明をあたえ，計算という立場から自己完結的であること．MATLAB のコマンドや計算手法については，本文中でていねいに解説すること．
(2) 統計に関して，基礎から「AIC（赤池情報量基準）」「時系列解析」までをカバーし，近年の必要性に応えること．
(3) 記述した事項については，ページの許す限り「すべて」に数学的説明を加えること．
(4) そのまま動く MATLAB スクリプトを与えること．
これらのスクリプトは，東京大学出版会のホームページ https://www.utp.or.jp/ にある『MATLAB による統計解析』のサポートページからたどれるところに置いておく．

　このように実際の問題を扱うという立場に立って，具体的に MATLAB スクリプトを与えることにより，大きな統計データを実際に扱うことができるように配慮した．確率過程のうち，確率微分方程式については，専門性が高くかつ紙数の都合もあり割愛せざるを得なかった．

　MATLAB は現在，国内の多数の大学で利用できる環境が整備されてきただけでなく，以下のように広範な分野で標準的に使用されている．
- 世界の大学 2000 校以上，国内の大学 100 校以上の教育研究現場で使用制限なし．
- アルテミス計画（NASA 主導の有人月面着陸計画）で採用．
- 国際金融の分野：IMF，世界銀行，OECD 加盟国の中央銀行，準備銀行のほとんどで採用．
- 世界トップクラスの資産管理企業および米国商業銀行のほとんどで採用．
- トヨタ，日産，GM，BMW，Ford，Tesla など世界の主要自動車企業における採用．Pfizer, Roche など生命，医薬系研究における採用．
- AI（人工知能），深層学習の分野での広範な利用．

MATLABを無料で使える環境にいる日本の多くの学生は，文理の別なくこれを使うべきだと強く主張したい．

　本書が以上に書いた目的を少しでも達成できていれば，それは著者の大いなる喜びである．

2024年　盛夏の候
藤原毅夫
島田　尚

[追記]　深層学習に関する業績により2024年のノーベル物理学賞を受賞したトロント大学のGeoffrey Hinton教授は，2022年に開催された国際会議NewrlIPSの招待講演後の質疑応答で「どのプログラム言語を用いているか」という質問に「長い間MATLABを使っています．学ぶのにとてもやさしいから」と答えている．また，教授のホームページ

　　　　　　　　https://www.cs.toronto.edu/~hinton/

には，多くのMATLAB言語で書かれたプログラムが載っている．

MATLAB® および Simulink® の製品情報については，以下にお問い合わせください．
MathWorks Japan
〒 107-0052
東京都港区赤坂 4-15-1
赤坂ガーデンシティ 7 階
TEL: 03-6367-6700
FAX: 03-6367-6710
Email: info@mathworks.com
Web: https://jp.mathworks.com
購入方法：https://jp.mathworks.com/store

目　次

まえがき ……………………………………………………………… iii

序章　MATLABクイックノート　1
- 0.1　MATLAB ……………………………………………………… 1
  - 0.1.1　MATLABとは ……………………………………………… 1
  - 0.1.2　MATLABの特徴 …………………………………………… 2
  - 0.1.3　MATLABの使い方 ………………………………………… 5
- 0.2　変数と加減乗除，べき乗，初等関数 ……………………………… 6
- 0.3　ベクトルと行列 …………………………………………………… 8
  - 0.3.1　ベクトルと行列の定義 ………………………………………… 8
  - 0.3.2　行列演算 ……………………………………………………… 10
- 0.4　関係演算子その他 ………………………………………………… 13
  - 0.4.1　関係演算子 …………………………………………………… 13
  - 0.4.2　for文，if文 ………………………………………………… 14
  - 0.4.3　計算時間の測定 ……………………………………………… 14

第1章　統計現象の取り扱い：ばらついた値と集団の性質　17
- 1.1　統計学とは何か …………………………………………………… 17
- 1.2　統計データ ………………………………………………………… 19
  - 1.2.1　データの準備 ………………………………………………… 19
  - 1.2.2　データの入手と利用 ………………………………………… 19
- 1.3　統計の基礎：確率とは何か ………………………………………… 20
  - 1.3.1　事象と確率 …………………………………………………… 20
  - 1.3.2　乱数と擬似乱数 ……………………………………………… 21
  - 1.3.3　モンテカルロ・シミュレーション …………………………… 22

	1.3.4　事象の集合	24
	1.3.5　確率の公理	25
1.4	条件付確率と乗法公式	26
	1.4.1　条件付確率	26
	1.4.2　「サイコロの目」の問題：条件付確率の例	27
	1.4.3　MATLAB を用いた条件付確率の計算	28

第 2 章　確率変数と分布　　30

2.1	統計データの整理	30
	2.1.1　データ表	30
	2.1.2　箱ひげ図	31
	2.1.3　度数分布表と度数分布図	32
2.2	確率変数	34
	2.2.1　確率変数の定義	34
	2.2.2　離散型確率変数の場合	35
	2.2.3　連続型確率変数の場合	35
2.3	確率分布	36
	2.3.1　確率関数と確率密度関数	36
	2.3.2　累積分布関数	37
2.4	平均値と分散	42
	2.4.1　平均値および分散の定義	42
	2.4.2　分散の性質	42
2.5	高次のモーメントと特性関数	43
	2.5.1　モーメントとモーメント母関数	43
	2.5.2　歪度と尖度	43
	2.5.3　特性関数	45

第 3 章　さまざまな分布　　46

3.1	離散分布	46
	3.1.1　2 点分布	46
	3.1.2　2 項分布	47
	3.1.3　ポアソン分布	49

	3.2	連続分布 ………………………………………………………	52
		3.2.1 一様分布 ……………………………………………	52
		3.2.2 指数分布 ……………………………………………	52
		3.2.3 ガンマ分布 …………………………………………	52
		3.2.4 正規分布 ……………………………………………	53
		3.2.5 χ^2（カイ2乗）分布 ………………………………	55
		3.2.6 F 分布 ………………………………………………	55
		3.2.7 t 分布 ………………………………………………	57
	3.3	観測された分布がどのようなものかを知る：Q-Q プロット	59

第4章 確率変数の同時分布　63

4.1	複数の確率変数 ………………………………………………	63
	4.1.1 同時分布 ……………………………………………………	63
	4.1.2 同時分布関数と周辺分布関数 ……………………………	63
	4.1.3 同時確率関数 ………………………………………………	64
4.2	共分散と相関係数 ……………………………………………………	68
4.3	独立な確率分布の性質 ………………………………………………	73
	4.3.1 独立な確率変数 ……………………………………………	73
	4.3.2 独立な確率変数の和 ………………………………………	74
4.4	確率変数の変換 ………………………………………………………	76
	4.4.1 変数変換 ……………………………………………………	76
	4.4.2 変数変換の例といくつかの統計分布 ……………………	78

第5章 最小2乗法と主成分分析　84

5.1	最小2乗法 …………………………………………………………	84
	5.1.1 データの散布図 ……………………………………………	84
	5.1.2 最小2乗法 …………………………………………………	86
5.2	主成分分析 …………………………………………………………	97
	5.2.1 データの標準化 ……………………………………………	97
	5.2.2 共分散行列 …………………………………………………	98
	5.2.3 共分散行列の固有空間分解 ………………………………	98
	5.2.4 主成分と主成分分析の目的 ………………………………	99

5.2.5　MATLAB による主成分分析の実際 …………………… 100

第 6 章　大数の法則と中心極限定理　　104
6.1　「サイコロの目」の例 ……………………………………… 104
6.2　大数の法則 ………………………………………………… 106
　　　6.2.1　チェビシェフの不等式 ……………………………… 106
　　　6.2.2　大数の弱法則と確率収束 …………………………… 109
　　　6.2.3　大数の強法則と概収束 ……………………………… 110
6.3　中心極限定理 ……………………………………………… 111
　　　6.3.1　ド・モアブル-ラプラスの定理 ……………………… 111
　　　6.3.2　中心極限定理 ………………………………………… 112
　　　6.3.3　中心極限定理の応用 ………………………………… 113

第 7 章　仮説と検定　　118
7.1　母集団と標本 ……………………………………………… 118
　　　7.1.1　母集団と点推定 ……………………………………… 118
　　　7.1.2　区間推定 ……………………………………………… 122
7.2　仮説と仮説検定 …………………………………………… 129
　　　7.2.1　仮説検定と仮説の棄却 ……………………………… 129
　　　7.2.2　標本平均に関する検定の例 ………………………… 134
7.3　さまざまな検定 …………………………………………… 139
　　　7.3.1　適合度検定と独立性検定 …………………………… 139
　　　7.3.2　2 つの母集団の同一性の検定 ……………………… 148

第 8 章　ベイズ統計　　153
8.1　ベイズ統計の考え方 ……………………………………… 153
　　　8.1.1　ベイズ統計とは ……………………………………… 153
　　　8.1.2　ベイズの定理と事前確率，事後確率 ……………… 157
8.2　ベイズ推定とベイズ更新 ………………………………… 161
　　　8.2.1　ベイズ推定 …………………………………………… 161
　　　8.2.2　ベイズ更新 …………………………………………… 162
8.3　マルコフ連鎖モンテカルロ法を用いた統計モデリング …… 163

  8.3.1 ランダム・ウォーク …………………………………… 163
  8.3.2 統計モデリング ………………………………………… 165
  8.3.3 マルコフ連鎖モンテカルロ法を用いたベイズ解析 …… 167
  8.3.4 MATLABを用いたイジングスピン・モデルの統計力学と
     劣化画像修復 …………………………………………… 174

第9章 最尤推定 179

 9.1 最尤推定 …………………………………………………………… 179
  9.1.1 尤度と尤度関数 ………………………………………… 179
  9.1.2 最尤法 …………………………………………………… 180
 9.2 最尤推定と正規分布 ……………………………………………… 180
  9.2.1 最尤推定による正規分布の平均値および分散 ……… 180
  9.2.2 最尤推定と最小2乗法 ………………………………… 182
 9.3 情報量とエントロピー …………………………………………… 183
  9.3.1 分布のエントロピー …………………………………… 183
  9.3.2 種々の情報量 …………………………………………… 183
 9.4 赤池情報量基準 …………………………………………………… 193
  9.4.1 赤池情報量基準（AIC）………………………………… 193
  9.4.2 AICの実験データ解析への応用 ……………………… 197

第10章 時系列解析 204

 10.1 時系列と前処理 ………………………………………………… 204
  10.1.1 時系列 ………………………………………………… 204
  10.1.2 前処理 ………………………………………………… 206
 10.2 定常性と時間相関 ……………………………………………… 208
  10.2.1 時系列の定常性 ……………………………………… 208
  10.2.2 自己相関 ……………………………………………… 210
  10.2.3 周波数解析 …………………………………………… 214
 10.3 線形時系列モデルとその活用 ………………………………… 218
  10.3.1 自己回帰（AR）モデル ……………………………… 218
  10.3.2 ARモデルのパラメータ推定 ………………………… 220
  10.3.3 自己回帰移動平均モデル …………………………… 224

  10.3.4 より一般の線形モデル ………………………… 225
  10.3.5 時系列モデルの活用と評価 …………………… 227
 10.4 非定常性，非線形性の扱い ……………………………… 227
  10.4.1 非線形時系列モデルの例 ……………………… 227
  10.4.2 非線形時系列解析 ……………………………… 228

事項索引   **233**
MATLAB コマンド索引   **237**

MATLABクイックノート

本章は，本題に入る前の準備の章であり，MATLABを利用するために必要最小限の事項・技術を簡単に説明する．

0.1 MATLAB

0.1.1 MATLABとは

MATLABはプログラムをすぐにコンピュータに実行させることができるプログラミング言語の1つであり，そのため初学者にとっては負荷の少ないものである．このようなプログラミング言語を**スクリプト**（script）**言語**という[1]．

MATLABは言語を意味すると同時に，それを用いたデスクトップ環境を備えたソフトウェアの総称であり，MathWorks社が提供・管理している．これは「MATLAB」と「Toolbox」および「Simulink」というさまざまな機能に特化した製品とで構成されている[2]．本書では，「MATLAB」と「Toolbox」および「Simulink」の全体をMATLABと呼ぶ．

MATLABには，数値計算，数式処理，統計解析，画像処理，信号処理，制御，さらには機械学習や深層学習，AIなど広範囲な分野のよく管理されたライブラリが揃っていて，継続してそれらが開発・追加されている[3]．

---

[1] これに対する言語は**コンパイル型言語**といわれるもので，機械語への翻訳が必要なものである．
[2] MATLABという名前はmatrix laboratoryを略したものである．その開発は，行列計算から出発したプログラムパッケージとなっている．
[3] マニュアルは，https://jp.mathworks.com/help/matlab から辿ることができる．

0.1.2 MATLAB の特徴

(a) MATLAB の特徴 1：スクリプト言語としての特徴

スクリプト言語としての MATLAB の特徴について説明しよう．

演算速度

MATLAB は行列計算をもとに作られたもので，一般の計算にも行列演算の利点を活かしている．そのため演算速度が，他のスクリプト言語に比べて格段に速い．0.4.3 の最後で，なぜ，そしてどのくらい違うのか，測定方法と合わせて述べる．

精度

既定の設定では MATLAB は 16 桁の精度を使用している．より高い精度が必要なときには，Symbolic Math Toolbox（シンボリック演算，数式処理）を使用して，精度を無制限に上げることができる（vpa, MathWorks 社ホームページの「可変精度の演算」参照）．

描画機能

MATLAB の描画機能は他の言語に比べて大変充実している．本書でもさまざまなグラフを用いて結果を示すが，すべての場合に描画ルーチンが用意されていて使いやすい．

アルゴリズムの開示

提供されている多くのコマンドについて，どのようなアルゴリズムを使用しているかをみることができる．それらを参考にしながら，自分のプログラムを書く際に役立てることを勧めたい．スクリプトの具体的な内容を表示する方法は「0.1.3 MATLAB の使い方」で示す．

他のプログラミング言語との連携

MATLAB は他のプログラミング言語，たとえば C, C++, Fortran, Python との連携や呼び出し，Python への変換などの手段が提供されている．

スクリプト言語としての学びやすさ

MATLAB はシンプルであり，初学者にとっては，他のスクリプト言語と比べても学びやすく，書きやすく，可読性も高い．

(b) **MATLAB の特徴 2：実装上の特徴**

インストール

MATLAB のインストールは画面の指示に従って，(1) MathWorks アカウントの取得，(2) インストーラーのダウンロード，(3) MATLAB のインストール，(4) アクティベーション，の 4 段階で行う．

バージョン管理

MATLAB では年 2 回定期的にバージョンアップが行われるとともに，随時新しい Toolbox が追加されていく．また Windows, macOS, Linux などの OS（operating system）のバージョン変更に伴う更新も行われている．これまで動いていたものは，更新されたバージョンでもパフォーマンスが下がらないことが保証されている[4]．

ライセンスには，無料のライブサポートが含まれているので，ユーザーは電話かメールでサポートを受けることができる．

Toolbox を意識させない

利用者は自分がどの Toolbox を使おうとしているか，とくに指定したり，それらの整合性を意識する必要はない．必要なときにライセンスを追加取得すればよい．ライセンスを得ていない Toolbox を使おうとすると，実行できない旨のメッセージとともに，必要な Toolbox のライセンス取得が促される．

---

[4]《一般のオープンソースにおけるバージョン管理の困難》
　　フリーパッケージである Python や R では，PC その他の計算資源，OS のバージョンとパッケージの相性，パッケージの提供元が異なる場合の整合性を知らないと，思わぬところでつまずくことが多い．また動作保証のためにはプログラムやライブラリのバージョンを固定しなくてはならないため，技術が陳腐化してしまうことは免れない．
　　フリーなパッケージでの，最新のバージョンを維持しながらのバージョン管理はきわめて難しい．不可能だといってもよい．

多様な利用の仕方

MATLAB を自分の PC にダウンロードして利用しようとすると，今まで使っていた PC の能力が足りないことがある．**MATLAB Online** を用いれば，PC を Web ブラウザーとして用いるので，ダウンロードやインストールなしにインターネット経由で利用できる．これを講義で用いれば，学生の PC メモリ増設などの必要がない．**MATLAB Drive** の仕組みを使えば，教師が学生とスクリプトを共有する形を作ることができる．**MATLAB Mobile** の仕組みを用いれば，iPad，iPhone，Android デバイスから MATLAB Online を利用することもできる．

(c) MATLAB の特徴 3：価格とライセンスの多様性

MATLAB，Toolbox の価格が高いという人もいる[5]．実際には，産業を始めとする実務分野，アカデミアにおける研究・教育，それらを離れた個人的な利用（Home License）に，それぞれ異なるライセンスと値段が設定されている．その価格も下がり，むしろ安いといってもよい．

MathWorks 社のホームページの Pricing and Licensing ページを参照し，自分の目的に合ったライセンスの形を見つけることを勧めたい[6]．Toolbox の 1 つずつに価格が設定されていることは知っておく必要がある．最初は MATLAB（本体）だけでやってみるとよい．それだけでかなりのことができる．心配な人には，30 日間無料評価版で試すことを勧める[7]．この場合は，MathWorks アカウントの取得（メールアドレスの登録）後，評価版を取得する．最近では初等中等教育の現場でも MATLAB の利用が促進されており，驚くほど安い価格で学校全体で利用できる[8]．

---

[5] MATLAB は有料であるが，それに見合った性能と利用上の保証を得ることができる．Python や R は無料で使うことができる．しかし，業務で使用する人の多くは，セキュリティその他のリスクや責任を回避するため，有料サービスを利用している．それでも，つねに最新のバージョンでライブラリを利用することは不可能である．アカデミアにいる人たちなど，自分の責任でセキュリティの維持管理ができる人たち，さらにはそれで業務が成り立っている人たちの見落としがちな点である．

[6] https://jp.mathworks.com/pricing-licensing.html

[7] https://jp.mathworks.com/campaigns/products/trials.html

[8] https://jp.mathworks.com/products/primary-and-secondary-schools.html

世界中で 400 万を超えるユーザーが学校，研究機関，職場を通じてMATLAB を制限なく利用している．我が国の 100 を超える大学などの高等教育機関では，所属するすべてのメンバーが無償で完全なサービスを受けながら MATLAB を利用できる環境が用意されている．

0.1.3 MATLAB の使い方

電卓としての使い方

MATLAB を起動すると，ディスプレイ画面の中央にコマンドウィンドウが表示される．コマンドウィンドウでは >> がプロンプトを表す．ウィンドウ内で MATLAB コマンドを入力して Retern キー（あるいは Enter キー）を押すと，即座に実行され結果が表示される．

プレインスクリプトとしての使い方

MATLAB コードをプレインスクリプトとして書くこともできる．このときはまず「新規スクリプト」ボタンを押して新規書類を作成し，エディターウィンドウにプログラムを書き込み，保存する（拡張子は .m）．プレインスクリプトがすでにある場合には，エディターウィンドウでプログラムの加筆訂正を行い保存する．**.m プログラムを実行するには「ホーム」タブの「実行」ボタンをクリックする．

ライブスクリプトとしての使い方

少し長めの MATLAB コードを入力・実行する場合には，ライブエディターでライブスクリプト（拡張子は .mlx）を用いるのがよい．新規にライブスクリプトを作成するには，「新規ライブスクリプト」ボタンを押せばよい．既存のライブスクリプトはファイル一覧から選択して開く．

とくに便利な点は，スクリプトに「**セクション区切り**」を入れる（ホームタブにある）ことで，スクリプトをセクションに分けられることである．セクションごとに実行できるので，段階を追って計算を確認できる．

ライブスクリプトは，プログラムと式を含めた説明，図を含む出力を併せて pdf または html 形式のファイルにすることができる．そのままいろいろの用途に使えるので，ライブスクリプトの利用を勧める．

便利なコマンド

コマンドあるいはファイルの内容を表示するには `type` コマンドを用いて，コマンドウィンドウで（`filename` のところを個々のコマンドの名前におきかえて）

```
>> type filename
```

とタイプインすればよい．

使用しているプログラムで利用している Toolbox を確認するためには，

```
>> license('inuse')
```

とタイプインする．これにより，MATLAB を起動してからそのときまでに使用した Toolbox がすべて表示される．

```
>> ver
```

とタイプインすると，自分のライセンス番号やインストールしている Toolbox などの名前とバージョンの一覧が得られる．

本書では

MATLAB と Statistics and Machine Learning Toolbox だけを使用している．ただし第 8 章，第 9 章では加えて Image Processing TooLbox を用いる．

本章ではプレインスクリプト形式で例を示すが，次章以降はライブスクリプト形式でのプログラムを示す．その際，コマンドのすぐ下または横に結果が表示されるので，それをあからさまに示す必要があるときには出力部分はグレーの網掛けで示すことにする．また MATLAB コマンドはタイプライタ体のフォントを使用している．

0.2 変数と加減乗除，べき乗，初等関数

コマンドウィンドウに表示されているコマンドプロンプト>>の後ろに数式などを入力し実行（Return キーを押す）すれば，結果が表示される．

```
                                            ─ MATLAB キー入力と出力 ─
   >> a=1
    a = 1
   >> b=2.5
    b = 2.5000
   >> c=a
    c = 1
   >> a+b
    ans = 3.5000
```

- >>がコマンドライン，その後に続く行が出力される結果．

- c = a は「a の値を c におく」という命令．「c = c+1」は「c の値に 1 を足して，それを c におきかえる」という命令．

- a+b と打ち込めば，$a+b$ の値が返される．その値を c に代入したければ，c = a+b と書く．

- 乗除算はそれぞれ，a*b, a/b と書く．

- x^n は x^n と書く．

- さまざまな**初等関数**はすでに定義されている：平方根 sqrt(x)，三角関数 sin(a) など，指数関数 exp(ax)，自然対数 log(x)，常用対数 log10(x) など．これらを組み込み関数（built-in function）という．

- 特殊関数，およびとくに名前のついている行列なども，MATLAB ではすでに定義されている．

- 複素数 $x+iy$ は x+y*1i （1iは イチ アイ），あるいは 0.1+0.5*1i などと書く．

- 特別な数値：円周率 π は pi と書く．

- デフォルトでは，実数は小数点以下 4 桁で出力されるが，数値データは倍精度浮動小数点数（double precision floating point number)[9)]として実行・保存されている．したがって通常は実数の精度や整数と実数の区別を意識する必要はない．数値データを整数として保存する必要がある場合には，これを必要な整数型に変換する．

0.3 ベクトルと行列

0.3.1 ベクトルと行列の定義

行列（matrix）とは，数や記号などを縦と横に配列したものをいう．横に並んだ一筋を「行（column）」，縦に並んだ一筋を「列（row）」と呼ぶ．

1行n列の行列を**行ベクトル**（横ベクトル）ともいう．n行1列の行列は**列ベクトル**（縦ベクトル）ともいう．

行列を以下のように入力する．

―――――――――――――――――――――――――― MATLAB 行列 1 ――
```
>> A=[1 2 3;6 5 4;7 7 8]
A =
     1     2     3
     6     5     4
     7     7     8
```

- 行列の定義：各要素はコンマ (,) またはスペース（空白）で区切る．

- セミコロン (;) で区切ると，次の行に移ることを示す．

- aを数としたとき，a*AはAの各要素がa倍されることを示す．A*aも同じ．

同じ行列Aについて，以下は簡単な行列の操作である．

―――――――――

[9)] コンピュータ内では2進数0, 1が基本となる．ビット（bit）とは0, 1で表した1桁を意味する．実数はコンピュータ内では浮動小数点数として表す．これは小数点の位置を固定せず，たとえば-122.5という数字は$-122.5 = -1.225 \times 10^2$と表す．$-$，1.225および10の肩に乗った2をそれぞれ符号部，仮数部，指数部と呼ぶ．それぞれの部分を表すのに，倍精度では，全体を64ビットで表し，符号部に1ビット，指数部に11ビット，仮数部に52ビットを用いる．

```
―――――――――――――――――――――――――――――――― MATLAB 行列 2 ―
 >> A.'
   ans =
      1    6    7
      2    5    7
      3    4    8
 >> inv(A)
   ans =
     -1.7143   -0.7143    1.0000
      2.8571    1.8571   -2.0000
     -1.0000   -1.0000    1.0000
```

- 行列 A の (i,j) 要素を a_{ij} と書いたとき，(i,j) 要素が a_{ji} である行列を A の**転置行列**という．行列 A の転置行列は A^t, ${}^t A$, A^T, ${}^T A$ などと書く．

  MATLAB では，行列を転置するにはドットダッシュ (.') を付けて `A.'` と書く．

- 行列のエルミート共役（すべての要素の複素共役をとり，かつ転置を行う）行列は「上付きの*」を付け A^* と書く．

  MATLAB ではダッシュ (') を付け `A'` と書く．実数行列（実行列）A では `A'=A.'` だが，複素行列が登場する場合に備え区別して用いるべきである．

- $n \times n$ の単位行列（対角要素がすべて 1，他の要素はすべて 0 である行列）を E と書く．$AB = BA = E$ となる $n \times n$ 行列 B を，A の逆行列といい，$B = A^{-1}$ と書く．

  MATLAB では，A の逆行列を `inv(A)` と入力する．ただし逆行列を直接計算すると，一般に計算が遅くなったりあるいは精度が落ちるので注意を要する．

- MATLAB では，$n \times n$ の単位行列を `eye(n)` と書く．

- MATLAB では，$n \times n$ のゼロ行列（すべての要素が 0 である行列）を `zeros(n)` と書く．

- 行ベクトルは 1 行 n 列の行列として定義する．MATLAB では行ベクトル x の第 k 要素は x(1,k) または x(k) と書く．

- 列ベクトルは n 行 1 列の行列として定義するか，あるいは行ベクトルを転置する．MATLAB では列ベクトル y の第 k 要素は y(k,1) または y(k) と書く．

- MATLAB では行列 A に対して，A(:,n) は，行列 A の n 番目の列．同様に，A(m,:) は，行列 A の m 番目の行．

- A(:) は，A を列ベクトルに並べ直したものを出力する．

0.3.2 行列演算

以下は行列の演算である．まず行列 A を入力する．

―― MATLAB 行列演算 1 ――
```
>> A=[1 2;3 4]
   A =
      1    2
      3    4
>> A(1,2)
   ans =
      2
>> A+10
   ans =
     11   12
     13   14
```

- MATLAB では，行列 A の (i,j) 要素を A(i,j) と書く．

- MATLAB では，A+10 は，行列 A の各要素に 10 が足される．(A+10) の (i,j) 要素は A(i,j)+10．これは数学での規則とは異なる．

行列 A, B が与えられたとき，2 種類の掛け算は次のとおり．

―――― MATLAB 行列演算 2 ――――
```
>> B=[2 4;1 3]
   B =
        2    4
        1    3
>> A*B
   ans =
        4   10
       10   24
>> A.*B
   ans =
        2    8
        3   12
```

- A を $l \times m$ 行列, B を $m \times n$ 行列としたとき, MATLAB において A*B は通常の行列の掛け算であり, $l \times n$ 行列である:

$$\text{(A*B)(i,j)} \equiv \sum_{k=1}^{m} A_{ik} B_{kj} \tag{1a}$$

また MATLAB において演算 A.*B は要素ごとの掛け算である:

$$\text{(A.*B)(i,j)} \equiv A_{ij} B_{ij} \tag{1b}$$

- .^ および ./ も同様に要素ごとの演算である.

MATLAB で A.^(-1) と A^(-1) は異なるものであることに注意.

─────────────────────────── MATLAB 行列演算 3 ─

```
>> A.^(-1)
   ans =
     1.0000    0.5000
     0.3333    0.24
>> A^(-1)
   ans =
    -0.2000    1.0000
     1.5000   -0.5000
```

─────────────────────────── MATLAB 行列の結合 ─

```
>> [A B]
   ans =
     1.0000    2.0000    2.0000    4.0000
     3.0000    4.0000    1.0000    3.0000
```

- 行列 A, B に対して [A,B] あるいは [A␣B] （A と B の間にスペース）は，行列 A と B を横に並べて連結した行列．
- [A;C] は，行列 A と C を縦に並べて連結した行列．

数学でも，たとえば $\sin(A)$ など指数関数あるいは三角関数などの中に行列が入った式が定義されている．

- MATLAB では sin(A) の各要素は次のようになる：

$$(\sin(A))(i,j) = \sin(A(i,j)).$$

数学では，$\sin(A)$ の定義はこれとは異なり

$$\sin(A) = A - \frac{1}{3!}A^3 + \frac{1}{5!}A^5 - \cdots, \tag{2a}$$

$$\cos(A) = E - \frac{1}{2!}A^2 + \frac{1}{4!}A^4 - \cdots \tag{2b}$$

である．こちらを呼ぶときには funm(A,@sin), funm(A,@cos) などとする（**行列関数**）．すでに定義した行列 A について次のように計算される．

―――――――――――――――――――――― MATLAB 行列の関数 ―
```
>> sin(A)
   ans =
      0.8415    0.9093
     -0.9589    0.1411
>> funm(A,@sin)
   ans =
     -0.4656   -0.1484
     -0.2226   -0.6882
```

0.4 関係演算子その他

0.4.1 関係演算子

関係演算子（relational operator）は両辺の関係を表す．

―――――――――――――――――――――― MATLAB 関係演算子 ―
```
>> funm(A,@sin)==sin(A)
   ans =
        0    0
        0    0
```

- funm(A,@sin)==sin(A) は，funm(A,@sin) と sin(A) は等しいか，という関係演算子である．等しい要素のところは 1，異なる要素のところは 0 を返す．また，f(x)==0 は「恒等的に $f(x)=0$ という関係が成り立つか」という意味になる．

- 関係演算子には，~= ($\neq$)，>，>= ($\geqq$)，<，<= ($\leqq$) などもある．

0.4.2 for 文, if 文

MATLAB for 文
```
for n=1:2:10
  a=n;
end
```

- for 文：for n = 1:2:10 は，「n を 1 から始めて 2 刻みで変化させ 10 になるまで」次の end までの文を実行する，という意味．

MATLAB if 文
```
a=3
b=1
n=0
if a>b
  n=n+1;
else
  n=n+2;
end
```

- if 文：「$a>b$ ならば n に 1 を加えたものを改めて n とする．そうでなければ（$a \leq b$ ならば）$n+2$ を改めて n とする」という意味．

0.4.3 計算時間の測定

従来型の計算とベクトル化計算の比較

for 文による従来型の計算とベクトルを使用した MATLAB に特徴的な計算の負荷を比較してみよう．あくまで著者が使用している PC での計算時間である．

―― MATLAB 計算時間の比較 ――

```
clear
tic
i=0;
for t=0:.01:100000
   i=i+1;
   y(i)=sin(t);
end
toc
   経過時間は 0.864838 秒です．
clear
tic
t=0:.01:100000;
y=sin(t);
toc
   経過時間は 0.061238 秒です．
```

- 最初のものは for 文を使うもので，Python や R での書き方としては標準的なもの．2 番目のものは，MATLAB でのベクトル機能に従った推奨される（**ベクトル化**と呼ぶ）書き方である．
後者の書き方により，計算が高速化されるだけでなく，スクリプトがわかりやすくなる．この場合でも y(i) は $i = 1\text{-}10000001$ まで定義される．

- 関数 tic は現在の時刻を記録し，関数 toc は記録された値を使用して経過時間を計算する．

- 関数 clear は，現在のワークスペースからすべての変数を削除して解放する．PC の条件を同じにするため挿入した．

行列演算の計算時間の測定

もう 1 つ，行列計算における実行速度の計算例を示しておこう．100 倍以上のスピードの違いがみられる．

―――――― MATLAB ベクトル化の有無による行列演算の比較 ――――――
```
n=1000;
A=rand(n);
B=rand(n);
C=zeros(n,n);
tic
for i=1:n
   for j=1:n
   sum=0;
   for k=1:n
     sum=sum+A(i,k)*B(k,j);
   end
   C(i,j)=sum;
   end
end
toc
   経過時間は 2.882735 秒です.
tic
D=A*B;
toc
   経過時間は 0.020557 秒です.
```

- MATLAB の典型的なスクリプトが，著しく簡単であり，かつ計算速度も 100 倍速いことがわかる．

- rand(n) は，区間 $(0,1)$ に一様分布する乱数からなる n 行 n 列の行列を返す．

- C=zeros(n,m) は行列 C のサイズが n 行 m 列であると最初に決めている．サイズを決めなくても許されるが，計算途中で行列のサイズが変更されることになり，より計算時間がかかる．

第1章 統計現象の取り扱い：ばらついた値と集団の性質

ある集団についてのデータから，その集団の性質を見出し評価する方法・手法が統計解析である．データには必ず値のばらつきがある．そのばらつき方をみて「データがその集団の性質を論じるのに十分かどうか」を判断することができる（検定）．「深層学習」「AI」の根っこには，統計量の信頼性を高めていく処理過程が含まれている．

1.1 統計学とは何か

統計学（statistics）とは，文字どおり「統計に関する」学問であり，統計に関する「枠組み」を対象とする学問である[1]．

統計学は「**記述統計学**（descriptive statistics）」と「**推計統計学**（inferential statistics）」および「**ベイズ統計学**（Bayesian statistics）」に分けられる．

記述統計学はデータ（標本）から，そのデータの特徴を説明するものであり，「母集団イコール標本」を前提としている．これは19世紀後半から20世紀初頭にかけて大きく発展した．本書でいえば主として第1章から第4章，および第6章が対応する．

一方，推計統計学は，母集団（population）から標本を抽出し，標本から母集団の特性を推測するものであり，R. フィッシャー（Ronald A. Fisher, 1890–1962）により発展されたものである．これは回帰分析（regression analysis），仮説検定（hypothesis test），信頼区間（confidence interval）な

---

[1] このような学問を形式科学（formal science）と呼び，数学や論理学と同じ種類のものである．形式科学は，物理学や化学，生物学などの自然科学（natural science）や経済学などの社会科学（social science）などの経験科学（empirical science）とは異なるものである．

どの新しい手法や概念を生み出した．本書の，主として第5章，第7章が対応する．

ベイズ統計学は「事前確率を設定」後，さらに情報が得られるたびに「事後確率を更新」し，本来起こるであろう事象の確率を導出するものである．深層学習，AIなどの基礎の1つとなっている．本書の第8章，第9章の多くの部分，第10章が対応する．

ラプラスとケトレー

ラプラス（Pierre-Simon Laplace, 1749-1827）はフランスの数学者で天文学者（政治家でもあったが，つねに時の権力者側にいたということで，こちらの方は評判が悪い）であり，**近代統計学の創始者**としてその発展の道筋を開いた．「確率の定義」を数学的に明確に与えたのはラプラスであり，その古典的確率の定義は「ラプラスの確率」とも呼ばれる．ラプラスはまたベイズ的確率解釈を進めたことでも知られている．

ケトレー（Lambert Adolphe Jacques Quételet, 1796-1874）はベルギーの数学者，天文学者，統計学者，社会学者であり，**近代統計学の父**と呼ばれる．それまで最小2乗法や誤差論が中心であった統計学を**社会物理学**（social physics, sociophysics）の名で研究し，社会を統計の対象にしようとした．彼は統計が導く平均的位置にいる人を「平均人（l'homme moyen, the average man）」と名付け，社会の中の典型的個人像をとらえようと試みた．ヒストグラムの発明や，BMI（body mass index, W/H^2 ただし W は体重（kg），H は身長（m））の導入などでケトレーの功績は今日も生きている．

近年，統計力学の視点から経済現象を分析しようとする試みが行われ，**経済物理学**（econophysics）と呼ばれている．

1.2 統計データ

1.2.1 データの準備

我々が数値データとして使う主たるものは，**Excel 形式**のものと，**csv**（comma separated values）**形式**のものである．Excel ファイルは Excel で取り扱う．

csv ファイルは多くのテキストエディターで開くことができ，数値が行単位で格納され，それぞれがカンマ「,」で区切られ，最後に改行コードが入っている．作成や編集が容易であるが書式情報は含まれない．csv ファイルを Excel で読み込むこともできる．

MATLAB では両方の形式を扱うことができるが，入出力の MATLAB コマンドはファイルの書式を指定することがある．

1.2.2 データの入手と利用

日本のデータ，世界のデータの入手先と利用の際に注意すべきこと

統計データは信頼性が最も重要である．教育に用いる場合にはオープンデータ[2]であることも重要である．データを利用するときには，それがどのようにして得られたデータなのか，データの起源や帰属を明らかにしておく必要がある．

下記のものは，いずれも無償で公開されている，信頼性が高く充実したデータである．

○ 日本の政府統計ポータルサイト．
e-Stat：https://www.e-stat.go.jp/
e-Stat の利用規約（出典明記，改編の際の明示など）に従って無償で利用できる．

○ 世界銀行（The World Bank）がオープンデータイニシアティブにより，約 8000 の開発指標を無料公開しているサイト．
世界銀行：

---

[2] 一般に誰もが，著作権や特許などによる制約なしに利用可能な形で提供されるデータ．

https://www.worldbank.org/ja/country/japan/brief/opendata
各データには著作権法上の利用条件として，クリエイティブ・コモンズ（Creative Commons）のルールが表示されている．これに従って無償で利用できる．

1.3 統計の基礎：確率とは何か

1.3.1 事象と確率

自然現象には，「熱的な揺らぎ」によって生じる事象や「放射性崩壊」のようにある種の規則，「蓋然性（probability）」に従って本質的に非決定論的に起きる事象がある．**測定**にも測る人や機器の癖があって，測定値に「ばらつき（variation）」が生じる．**社会現象**には，多数であるために人の個性や意思が捨象される「集団としての動き」がある．これらの事象の「確からしさ」を 0 から 1 の間の数値で表したものを「**確率**（probability）」という．

確率は次のようなものに分けられる．

数学的確率　等しく起こりうる m 通りの可能な状態があるとする．このとき各状態がとる「確率」を，可能な事象の数を分子に，当該事象の数 m を分母においた分数として，たとえば $P = \frac{1}{m}$ と定義する．これがラプラスによって初めて定義された「確率」である．コイントスで表が出る確率，サイコロの特定の目の出る確率などはこれである．

統計的確率　試行データあるいは過去の統計から得られる「確率」である．経験的確率ともいう．生まれる子が男の子である割合を確率とみなす，などがこれにあたる．

公理論的確率　現在の統計理論の枠組みでは，「確率ありき」で議論を進める．対象とする数値データを「確率」であるとするためには，それが確率の公理（コルモゴロフによる）を満足する必要がある．

1.3.2 乱数と擬似乱数

その出現について定まった規則がなく予測不能である乱数（random number）は，確率論や統計分野ではきわめて重要である．乱数はデータ群からいくつかのデータを無作為に抽出する際に用いられ，その生成は，確率を議論する上で大変重要な課題である．

数列 $x_1, x_2, \cdots, x_{n-1}$ から x_n がどういうものか予測できない（マルコフ性）数列を乱数列という．その特徴は，**無作為性**（randomness），**予測不可能性**（unpredictability），**再現不可能性**（irreproducibility）である．

真の乱数を発生する装置として，電気回路の熱雑音を利用するものもあるが，通常そのようなものは備えていない．したがって数学的に乱数に近いものが作られ使用される．しかしそれらは真の乱数の3条件を満たすものではなく，真の乱数に似せた**擬似乱数**である．従来は，擬似乱数の発生に**線形合同法**（linear congruential generators）が用いられた．現在は**メルセンヌ・ツイスタ**（Mersenne Twister，MT）を用いる．

MTにより生成された乱数は，$2^{19937} - 1 \simeq 4.3 \times 10^{6001}$ という長い周期を持ち，かつ623次元空間に均等に分布する，生成スピードが速いという優れた特徴を持っている．しかもこれらの性質は，実験により知られたのではなく（それは不可能），数学として証明された．いかに優れたものでも擬似乱数である限り，決定論的アルゴリズムで生成するため暗号乱数としてはそのままでは使えないことはいうまでもない．

MATLABでは，`rng`というコマンドでMTの初期設定（シード，seed）を制御できる．同一のシードを用いれば，つねに同一の乱数列を得ることができる．

22　第1章　統計現象の取り扱い

> **メルセンヌ・ツイスタ**
>
> 　メルセンヌ・ツイスタ（MT）とは，松本眞，西村拓士の両氏が1996年に国際会議で発表した（擬似）乱数発生のアルゴリズムであり，それまで乱数発生器として広く使われていた線形合同法に代わり急速に普及した．今日では，MTはほとんどのプログラム言語に組み込まれ，国際規格となっている．松本氏が擬似乱数の研究を始めてから，さまざまな人々のサポートによりMTが世に出るまでの経緯（よいものの価値は誰も無視できない，ダウンロードフリーの面目躍如，といった側面）は松本氏本人のホームページあるいは下に記した二宮氏の紹介記事から知ることができる．
>
> 　この名称は，周期 $2^{19937}-1$ がメルセンヌ素数であることによる．
> M. Matsumoto and T. Nishimura, *ACM Transactions on Modeling and Computer Simulations*, **8** (1) 3-30 (1998).
> 二宮祥一『数学通信』**10**(2), 59-63 (2005).

1.3.3　モンテカルロ・シミュレーション

　乱数を用いてさまざまなシミュレーションが行われる．乱数発生をサイコロ賭博になぞらえてモンテカルロ・シミュレーション（Monte Carlo simulation），もしくは，モンテカルロ法と呼ぶ[3]．モンテカルロ・シミュレーションは多次元空間の重積分の計算にも用いられる．

　一辺の長さ1の正方形内に一様・ランダムに点を発生させて，1頂点を中心とした半径1の4分の1円の内にある点の数を測定すれば π の値が求められる．そのプログラムを次に示そう．実験で発生させる点は N 個（ここでは10000個）としている．これを tr 回（ここでは100回）繰り返し，それらの平均から最終的な π の近似値を求める．

---

[3] Monte Carloはモナコ公国の地区名．有名カジノが集中している．

―――― MATLAB 円周率の計算とモンテカルロ法 ――――

```
N=10000;
tr=100;
for tri=1:tr;
   XY=rand(N,2);
   r=sqrt(XY(:,1).^2+XY(:,2).^2);
   cT=0;
   for k=1:N;
     if r(k)<=1;
        cT=cT+1;
     end;
   end;
   p(tri)=4*(cT/N);
end;
mpi=mean(p)
```

- rand(n1,n2) は区間 $(0,1)$ における一様乱数を，$n1$ 行 $n2$ 列の形で返す．

- for k = 1:1:N と書くと k を 1 から 1 つずつ増やしながら N まで，下の end まで（ループ）実行．刻み幅が 1 であるときはそれを省略することができる．この命令は，最初の for 文のループの中にもう 1 つの for 文，その中に if 文という「入れ子構造（nesting）」になっている．本来は，このような構造は計算の実行を遅くすることが多いので避けて，for tri = 1:tr から end までの間を，次のようにする．

```
    XY=rand([N,2]);
    ind=sum(XY.^2,2)<=1;
    cT=sum(ind);
    p(tri)=4*(cT/N);
```

ここで，sum(A) は行列 A の各列の和を持つ行ベクトル，sum(A,2) は各行の和を値とする列ベクトルを返す．

- <= は算術演算子．if 以下は if 文で，$r(k) \leq 1$ なら以下を実行するとい

う命令文.

- mean は平均値.mean(p) は 1 次元ベクトル p の成分の平均値を定める.

ビュフォンの針

「間隔 L で平行線が引かれた平面に,長さ ℓ の針を投げたときに,針が平行線と交差して落ちる確率 p はどれほどか」という問題がある.結果は,$\ell \leq L$ の場合には $p = 2\ell/(L\pi)$ となる.したがって実験によってこの確率を求めれば,π の値を知ることができる.これはフランスの博物学者・数学者ビュフォン伯爵ジョルジュ＝ルイ・ルクレール(Buffon 伯爵 Georges-Louis Leclerc, 1707-1788) が提起した問題で,「ビュフォンの針」と呼ばれる.

イタリアの数学者 M. ラザリニ(Mario Lazzarini) は 1901 年に,$\ell = (5/6)L$ としてビュフォンの針の実験を行い,3408 回針を投げて,π の近似値 $355/113 = 3.1415929\cdots$(交差する回数は $1808 = 113 \times 16$ 回)を得たと報告した.このように針の長さ ℓ を選べば,213 の整数倍回だけ投げることにより(ラザリニの場合には $3408 = 213 \times 16$ 回投げて),π のよい有理数近似(小数点以下 6 桁の最良近似有理数)の値 (355/113) が得られたというカラクリがあった.

1.3.4 事象の集合

一般に要素の集まりを集合(set)という.ここでは<u>事象の集合</u>が議論の対象となる.また集合の構成要素を元(element)または要素という.x が集合 A の元であるとき

$$x \in A \tag{1.1}$$

と書く.また集合 A のすべての元が集合 B の元であるとき

$$A \subseteq B \tag{1.2}$$

と書き，A を B の部分集合（subset）という．とくに $A \neq B$ であるとき，A を B の真部分集合（proper subset）といい

$$A \subset B \tag{1.3}$$

と書く．さらに要素を含まないものも考え，$\{\}$ または $\emptyset$ と書いて，空集合（empty set）と呼ぶ．

集合 A と B を考えるとき，それら2つの集合（両方の集合に含まれる元があるかもしれないが）の和を和集合（union）といい，$A \cup B$ と書く：

$$A \cup B = \{x | x \in A \text{ または } x \in B\}. \tag{1.4}$$

同様に集合 A, B の両方に含まれる元から構成される集合を積集合（共通集合，intersection）といい，$A \cap B$ と書く：

$$A \cap B = \{x | x \in A \text{ かつ } x \in B\}. \tag{1.5}$$

1.3.5 確率の公理

事象全体の中から抽出された事象が作る集合 Ω を **標本空間** あるいは **事象の空間** と呼ぶ．またその元を **標本点** といい ω で表す．さらに以下の性質を持つ Ω の「部分集合の集合」を $\mathcal{A}$ と書くことにする．この部分集合の集合 $\mathcal{A}$ は次の性質を持つものでなくてはいけない．

性質1：　$\Omega \in \mathcal{A}$,
性質2：　$A \in \mathcal{A}$ ならばその補集合 A^c についても　$A^c \in \mathcal{A}$,　(1.6)
性質3：　$A_1, A_2, \cdots \in \mathcal{A}$ ならば $\bigcup_{k=1}^{\infty} A_k \in \mathcal{A}$.

このような部分集合の集合を **完全加法族** という[4]．

部分集合族 $\mathcal{A}$ の元である部分集合 A に関して，次の性質（確率の公理）を満たす $P(A)$ を，事象の集合 A が起きる確率と呼ぶ．

---

[4] 性質1，性質2により $\emptyset \in \mathcal{A}$．確率の定義を，測度として数学的に厳密に行うために，完全加法族を加える必要がある．本書では，このことにことさら悩む必要はないだろう．完全加法族は，一般に1つではない．最小のものは $(\Omega, \emptyset)$ であり，最大のものはすべての部分集合からなるものである．

公理1： $0 \leq P(A) \leq 1$,
公理2： $P(\Omega) = 1$,
公理3： 互いに排他的な事象（$A_i \cap A_j = \emptyset, i \neq j$）ならば (1.7)
$$P\left(\bigcup_{i=1}^{\infty} A_i\right) = \sum_{i=1}^{\infty} P(A_i) \text{ となる.}$$

これはコルモゴロフ（Andrei N. Kolmogorov, 1903-1987）の公理とも呼ばれ，現代確率論の基礎である．

$\Omega, \mathcal{A}, P$ の3つを組として $(\Omega, \mathcal{A}, P)$ を**確率空間**という．

一般的に次の**加法定理**が成り立つ．
$$P(A \cup B) = P(A) + P(B) - P(A \cap B). \tag{1.8}$$

これから事象 A, B が排他的であるなら（公理3）
$$P(A \cup B) = P(A) + P(B)$$

である．

大データと少数データの違い　統計データに馴染みのない人は，数字に騙されることが多い．コイントスを10回行ったときに表が3回以下しか出ないというのはままあることだが，トスの回数を100回にしたとき表が30回以下しか出ないということは「まず」ない．

　　　　10回中で表が3回以下しか出ない確率：　17.2%
　　　　100回中で表が30回以下しか出ない確率：0.0039%

データ数が少ない場合，偶然により極端な値をとりやすいからである[5]．

1.4　条件付確率と乗法公式

1.4.1　条件付確率

2つの事象 A と B を考える．それぞれの事象が起こる確率を $P(A)$ およ

---

[5] 0.0039% は100回中では1回にもならないことに注意せよ．3.1.2項で述べる2項分布で，上の結果を各自計算してみよ．

び $P(B)$ とする.

事象 B が起こるという条件の下で事象 A が起こる確率を条件付き確率といい、$P(A|B)$ と書く:

$$P(A|B) = \frac{P(A \cap B)}{P(B)} \quad \text{ただし} \quad P(B) \neq 0. \tag{1.9}$$

逆に，上式で A と B とを入れ替えると

$$P(A \cap B) = P(A|B)P(B) = P(B|A)P(A)$$

である（乗法公式）．これから

$$P(B|A) = \frac{P(A|B)P(B)}{P(A)} \quad \text{ただし} \quad P(A) \neq 0 \tag{1.10}$$

を得る．

1.4.2 「サイコロの目」の問題：条件付確率の例

サイコロの 1 から 6 までの目が出る確率はすべて等しく

$$P(1) = P(2) = P(3) = P(4) = P(5) = P(6) = \frac{1}{6}$$

であるとする．サイコロを振って偶数の目が出る事象を A, 4 以上の目が出る事象を B とすれば

$$P(A) = P(2) + P(4) + P(6) = \frac{1}{2}, \quad P(B) = P(4) + P(5) + P(6) = \frac{1}{2}$$

である．それでは，サイコロを振って偶数の目が出た場合，それが 4 以上の目である確率はどうであろうか．目が偶数で 4 以上（4 か 6）が出る確率は

$$P(A \cap B) = P(4) + P(6) = \frac{1}{3}$$

である．条件付確率の公式を使えば，サイコロの目が，偶数が出たという条件の下で 4 以上である確率は

$$P(B|A) = \frac{P(A \cap B)}{P(A)} = \frac{1/3}{1/2} = \frac{2}{3}$$

となる．一方で $P(A|B)$ は，4 以上であるという条件の下でそれが偶数であ

るという確率であるから

$$P(A|B) = \frac{P(A \cap B)}{P(B)} = \frac{1/3}{1/2} = \frac{2}{3}$$

となる．

1.4.3 MATLAB を用いた条件付確率の計算

N 個の目があり，かつ各目の出方が均等である「一般化されたサイコロ」を考え，その上で $N=6$ とする MATLAB スクリプトを考えよう．for 文，if 文およびいろいろな関係演算子を使うと，簡単に書くことができる．

────────────── MATLAB 条件付確率（サイコロの目）──

```
N=6; P_a=repmat(1/N,1,N); P_even=0;
for n=1:N
   if mod(n,2)==0
     P_even=P_even+P_a(n);
   end
end
P_even
      P_even=0.5000
%4 より大きい目の合計 P_{n≥4}
P_GE4=0;
for n=1:N
   if n>=4
     P_GE4=P_GE4+P_a(n);
   end
end
P_GE4
      P_GE4=0.5000
%  P((n = even) ∩ (n ≥ 4))
P_evenAndGE4=0;
for n=1:N
   if mod(n,2)==0 && n>=4
     P_evenAndGE4=P_evenAndGE4+P_a(n);
   end
end                                        (つづく)
```

─────── MATLAB 条件付確率（サイコロの目）つづき ───────

```
% P({n ≥ 4}|{n = even}  AND  {n = even}|{n ≥ 4})
P_evenAndGE4
        P_evenAndGE4=0.3333
%P({n ≥ 4}|{n = even})
P_GE4_even=P_evenAndGE4/P_even
        P_GE4_even=0.6667
%P({n = even}|{n ≥ 4})
P_even_GE4=P_evenAndGE4/P_GE4
        P_even_GE4=0.6667
```

- `repmat(1/N,1,N)` は，要素 $1/N$ を $1 \times N$ 行列の形に並べる．

- `mod(n,a)` はモジュロ演算で，n を a で除算後の剰余を与える．

- `&&` は論理 AND を求める．

第2章 確率変数と分布

確率事象に伴って，そこに現れる変数（変量），たとえばサイコロの目の数，を確率変数という．確率変数はその事象が現れる確率と対応付けられていなくてはならない．本章では，このような確率変数とそれに結び付いた確率の振る舞いをどのように表すかなどについて考える．

2.1 統計データの整理

本章で使うデータ
　本章ではモデルデータとして
文部科学省　全国学力・学習状況調査　パブリックユースデータ
https://www.mext.go.jp/a_menu/shotou/gakuryoku-chousa/sonota/1404609.htm
にある「中学校データ」1404609_2_1.xlsx を利用する．

2.1.1 データ表

　自身の PC に 1404609_2_1.xlsx をダウンロードし，以下のような MATLAB コマンドにより読み込む．

―――― MATLAB エクセルデータ表の読み込み ――――
```
[ds,txt]=xlsread('1404609_2_1.xlsx ')
```

- データ表が数値データとそれ以外に分けて，それぞれ ds と txt に読み込まれる．データの大きさも書き出される（図2.1）．ここで ds が縦 2000 行，横 430 列の大きさ，txt が 1 行 430 列であることもわかる．

```
ds = 2000×430
10³ x
      2.0150    0.0030    0.0010    0.0020       NaN    0.0270    0.0070    0.0330 ...
      2.0150    0.0010    0.0020    0.0020       NaN    0.0260    0.0040    0.0200
      2.0150    0.0010    0.0030    0.0020       NaN    0.0070    0.0070    0.0290
      2.0150    0.0020    0.0040    0.0010       NaN    0.0220    0.0070    0.0140
      2.0150    0.0010    0.0050    0.0020       NaN    0.0270    0.0080    0.0310
      2.0150    0.0020    0.0060    0.0010       NaN    0.0270    0.0030    0.0190
      2.0150    0.0040    0.0070    0.0020       NaN    0.0190    0.0070    0.0180
      2.0150    0.0010    0.0080    0.0010       NaN    0.0230    0.0060    0.0220
      2.0150    0.0030    0.0090    0.0010       NaN    0.0200    0.0050    0.0190
      2.0150    0.0030    0.0100    0.0010       NaN    0.0320    0.0090    0.0310
       :
txt = 1×430 cell
     '実施年'      '地域規模'    '解答用紙番号'    '性別'      '生徒質問紙種別'        '正答数 国 A'
```

図 2.1 学力データ.ds が縦 2000 行,横 430 列の大きさ,txt が 1 行 430 列で,ここに示すのはそのごく一部.

- NaN は not a number,すなわち数字以外の文字,記号が入っていることを示している.実際には第 5 列「生徒質問紙種別」の欄はすべて空欄であり,欠損データとして扱われ,NaN と出力されている.

2.1.2 箱ひげ図

数値データを小さい順に並べて,50% の場所にくる値を中央値(メディアン)という[1].さらに下位のグループの中央値を第 1 四分位数(lower quartile),上位のグループの中央値を第 3 四分位数(upper quartile)という.中央値は第 2 四分位数とも呼び,全体を四分位数という.これらの値をそれぞれ Q_1, Q_3, Q_2 と書く.データ全体を,誰もが理解できるように可視化したものが,箱ひげ図(ボックスチャート,ボックスプロット)である[2].

箱ひげ図には,「最小値(minimum)Q_0」「第 1 四分位数 Q_1」「中央値 Q_2」

---

[1] データが奇数のときは中央値に対応するデータがあるが,偶数の場合には上位のグループの最小値と下位のグループの最大値の平均を中央値とする.以下で上(下)位のグループというとき,データの総数が奇数の場合には,中央値は上位あるいは下位のグループのいずれにも含めない.

[2] 箱ひげ図は,データアナリスト M. E. スピア(Mary Eleanor Spear)の著書 *Charting Statistics*, p.166, Fig. 6-24 B (1952) にみられる.その後,1970 年代になって統計学者 J. テューキー(John Tukey)(FFT のクーリー・テューキー(Cooley-Tukey)アルゴリズムや bits の命名で著名)によって広く使用され普及した.ただ,テューキーがスピアの著作に言及しなかったため(意図的無視かどうかは不明),テューキーがボックスチャートの発明者であると誤って述べる解説が多くみられる.

「第3四分位数 Q_3」「最大値（maximum）Q_4」の5つの値が示される．第1四分位点から第3四分位点までの高さに箱を描き，中央値で仕切りを描く．最小値，最大値はひげの形で示す．四分位数から著しく離れた値がある場合，具体的には，第1四分位数から下に，あるいは第3四分位数から上に，四分位範囲 $(Q_3 - Q_1)$ の1.5倍以上離れた値を持ったデータがある場合には「外れ値（outlier）」と呼び別に（○などを用いて）示すことがある．この場合には，外れ値を除いたもののうちの最大値，最小値がひげの位置となる．箱ひげ図による表し方は，データの平均値，分散だけの表現より直感的であり理解しやすい．

下に箱ひげ図を描くためのスクリプトを，また図2.2に結果を示す．

MATLAB 箱ひげ図

```
dsp=ds(:,6:10);
varNames='国語A';'国語B';'数学A';'数学B';'理科';
boxchart(dsp)
text([.7 1.7 2.7 3.7 4.7], repmat(-4.0,1,5), varNames, ...
'FontSize',10);
```

- `dsp=ds(:,6:10)` で元のデータ ds のすべての行，6-10列（国語A，国語B，数学A，数学B，理科）の数値を改めてデータ dsp とする．

- `boxchart(dsp)` でデータ dsp の箱ひげ図を描く．

- `text(x,y,txt)` により点 (x,y) にテキスト txt を書く．ここでは最初の 1×5 ベクトルにより varNames の各要素を横軸に書く際の x 座標を指定する．行が長すぎるとき，「…」を使用して次の行にステートメントを継続することを示す．repmat は行列の繰り返しの命令であり，`repmat(-4.0,1,5)` は [-4 -4 -4 -4 -4]（1×5 ベクトル）と同じで，varNames の各要素を書く際の y 座標を指定する．

2.1.3　度数分布表と度数分布図

標本として得たある変量の値のリストを度数分布表（frequency table）という．具体的には，対象としている量を大小の順に並べて，各数値が現

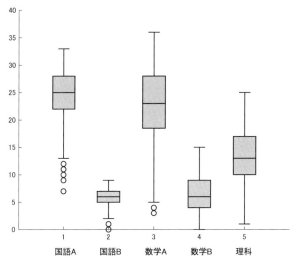

図 2.2 学力データの科目別箱ひげ図．外れ値を ○ で示す．

れた個数（度数）を表示する表である．変数の領域を互いに重なり合わず接する区間（階級といい，各階級の中央の値を階級値という）に分け，その区間に分布する度数を棒グラフに描いたものが度数分布図（ヒストグラム，histogram）である．それぞれの棒をビン（bin）という[3]．度数分布図を描くスクリプトとその結果を描いた図 2.3 を次に示す[4]．

―――― MATLAB データのヒストグラム ――――

```
subplot(1,5,1)
histogram(ds(:,6),10); xlabel('国語 A ')
subplot(1,5,2)
histogram(ds(:,7),10); xlabel('国語 B')
subplot(1,5,3)
histogram(ds(:,8),10); xlabel('数学 A ')
subplot(1,5,4)
histogram(ds(:,9),10); xlabel('数学 B')
subplot(1,5,5)
histogram(ds(:,10),10); xlabel('理科 '); hold off
```

---

[3] bin とは元来，資材や作物を収納しておく蓋つき容器を意味する．
[4] ヒストグラムは，すでに述べたように，ケトレーによって発明され，その著作 *Sur l'homme et le développement de ses facultés, ou Essai de physique sociale* に記載されている．この図を histogram と呼ぶのはカール・ピアソン（Karl Peason）によるという．

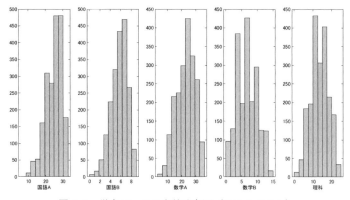

図 2.3 学力データの度数分布図（ヒストグラム）.

- histogram(ds(:,6),10) はデータ ds の 6 列目のデータに対するヒストグラムを，ビンの数を 10 として描く．

- xlabel('国語 A') は x 軸のラベル記入．

- 5 つのヒストグラムを 1 カ所に並べるため，たとえば subplot(1,5,2) によって縦 1 行横 5 列の 2 番目と指定する．

- hold on は現在の座標軸のプロットを保持する（ホールド）．hold off はホールド状態をオフにする．hold on のまま新しいプロットを追加すると既存のプロットに上描きされる．

このデータをさらにどのようにみていくかについては第 5 章で考える．

各階級の階級値と度数の組を座標とする点を結んだものを度数分布多角形という．

2.2 確率変数

2.2.1 確率変数の定義

確率空間 $(\Omega, \mathcal{A}, P)$ 上のすべての標本点 ω $(\omega \in \Omega)$ について，すべての実数値 x に対して

$$\{\omega : X(\omega) \leq x\} \in \mathcal{A} \tag{2.1}$$

を満たすようにできる．$X(\omega)$ を**確率変数**（random variable）という．確率変数 $X(\omega)$ はすべての標本点 ω に実数を対応させる関数である．具体的にみてみよう．

2.2.2　離散型確率変数の場合

確率変数のとりうる値が離散的な場合，すなわち $X(\omega)$ が n 個のとびとびの値 $\{v_1, v_2, v_3, \cdots, v_n\}$ をとる場合，**確率変数は離散型**であるという．n は有限のこともあるし，また無限大のこともある．

$$V = \{v_1, v_2, v_3, \cdots, v_n\}.$$

離散型確率変数の例：福引の球の色　100 名のグループで行ったパーティーの余興に，空くじなしの福引を用意した．5 色の球（赤，黄，青，白，金）の数とその球が出たときの賞品の価格 v_i を表 2.1 に示した．この v_i を確率変数とすることができる．

表 2.1　くじの玉の色 (5 色) と用意した個数．

事象 (ω)	赤	黄	青	白	金
確率変数 $X(\omega) = v_i$	100	200	300	500	800
用意した数	45	25	15	10	5

2.2.3　連続型確率変数の場合

確率変数のとりうる値が連続な場合には**確率変数は連続型**であるという．そのとりうる値の範囲は，無限区間である場合も，あるいは有限区間である場合もある：

$$V = \{x : a < x < b\}.$$

ただし，a, b は正負の無限大のこともある．

連続型確率変数の例：ゼンマイ時計の示す時刻　時計屋の店先にゼンマイ時計が並んでいる．それら時計の示す時刻の誤差はまちまちで偶然的に（確率的に）決まっているとする．もし時計の針が示す時間を，限りなく細かく測ることができれば，時間は連続であるから，時計の示す時刻は連続する値のどれかを示すだろう．人の身長や体重の値の分布についても，その値は連続型確率変数の例である．

2.3 確率分布

確率の散らばり方を確率分布と呼ぶ．度数/(度数の合計) を相対度数という．

2.3.1 確率関数と確率密度関数

(a) 離散分布の確率関数

確率変数のとりうる値が離散的な場合

$$V = \{v_1, v_2, v_3, \cdots\}$$

と書き，$x = v_k$ をとる確率 $f(v_k)$ を **確率関数**（probability function）という．離散分布の場合の確率関数の基本的性質は次のようになる．

$$\begin{aligned}&\text{性質 1}: f(v_k) \geq 0. \\ &\text{性質 2}: \sum_k f(v_k) = 1.\end{aligned} \quad (2.2)$$

離散型確率変数の例：福引の球の色　福引の例（表 2.1）では，福引の総数が 100 であるから，赤，黄，青，白，金の出る確率 $f(v_k)$ は，それぞれ 0.45, 0.25, 0.15, 0.10, 0.05 となっている．多くの場合に，相対度数と確率は同一視できる．

(b) 連続分布の確率密度関数

確率変数のとりうる値が連続 ($-\infty < x < \infty$) な場合も，確率変数の微

小区間 $x \sim x+\Delta$ に対してその事象が起きる確率 $f_\Delta(x)\Delta$ を定義することができる．$f_\Delta(x)$ は確率の密度であり，**確率密度関数**（probability density function）という．

連続型確率変数の例：ゼンマイ時計の示す時刻　時計屋の店先には 100 台のゼンマイ時計があった．正午ちょうどに 100 台の時計が示す時刻 t について，$11:53 < t \leq 11:55$, $11:55 < t \leq 11:57$, $11:57 < t \leq 11:59$, $11:59 < t \leq 12:01$, $12:01 < t \leq 12:03$, $12:03 < t \leq 12:05$ とグループ分けしたらそれぞれ 1 台，8 台，21 台，39 台，28 台，3 台となっていた．ここで考える刻み幅 2 分が上の式で Δ と書いたものに対応する．

f_Δ の値は，刻み幅 Δ に依存して変わるが，時計の数を無限大に，そして Δ を十分小さくすれば $f_\Delta(x)$ は Δ に依存しない一定の値 $f(x)$ に**収束**する[5]．このことを以下のように書く：

$$\lim_{\Delta \to 0} f_\Delta(x) = f(x). \tag{2.3}$$

$f(x)$ を確率密度関数といい，その基本的性質は次のように書かれる．

$$\begin{aligned}&\text{性質 1 :}\ f(x) \geq 0. \\ &\text{性質 2 :}\ \int_{-\infty}^{\infty} f(x)\mathrm{d}x = 1.\end{aligned} \tag{2.4}$$

2.3.2　累積分布関数

$P(\{\omega : X(\omega) \leq x\})$ は確率変数 $X(\omega)$ が値 x 以下である事象が起きる確率である．これを確率変数 X の**（累積）分布関数**（cumulative distribution function）という：

---

[5] 100 台の時計では Δ を 10 秒程度まで小さくとれば，その刻み幅に 1 つも入らない場合が出てくるだろう．その場合には，時計の台数を増やして考えればよい．標本点の数を任意にいくらでも増やすことができることと，その場合には，時刻の誤差が完全にランダムに決まっているので Δ を任意に小さくしてもそこに標本点があることが前提である．

$$F_X(x) = P(\{\omega : X(\omega) \leq x\}) \quad \text{ただし} \quad -\infty < x < \infty. \tag{2.5}$$

累積分布関数には次のような性質がある．

$$\begin{aligned}
&1.\ a < b \ \text{ならば}\ F_X(a) \leq F_X(b). \\
&2.\ \text{右連続，すなわち} \lim_{x \to a_+} F_X(x) = F_X(a). \\
&3.\ \lim_{x \to -\infty} F_X(x) = 0. \\
&4.\ \lim_{x \to \infty} F_X(x) = 1.
\end{aligned} \tag{2.6}$$

$F_X(x)$ は，混乱がなければ，$F(x)$ と書くこともある．

確率関数と累積分布関数との関係は次のとおりである．実際には累積分布関数を先に決め，そのあとで確率関数を決める方がわかりやすいだろう．

$$\text{離散型確率変数の場合} \quad f(v_k) = F(v_k) - F(v_{k-1}). \tag{2.7}$$

$$\text{連続型確率変数の場合} \begin{cases} \text{累積分布関数}: F(x) = \displaystyle\int_{-\infty}^{x} f(v)\mathrm{d}v. \\ \text{確率密度関数}: f(x) = \dfrac{\mathrm{d}}{\mathrm{d}x} F(x). \end{cases} \tag{2.8}$$

MATLAB による累積分布関数などの計算：離散型　表 2.1 の離散型の分布に対しては，確率関数および累積分布関数を表 2.2 のように計算できる．確率関数および（累積）分布関数を画くスクリプトを次に，またそれによって得られる結果を図 2.4 に示す．

―――― MATLAB 確率関数，累積分布関数

```
x=[100,200,300,500,800];
u=repelem(x,[45 25 15 10 5]);
v=histogram(u,100);
xlabel('確率変数','FontSize',15);
ylabel('確率関数','FontSize',15);
h=cdfplot(u);
xlabel('確率変数','FontSize',15);
ylabel('累積分布関数','FontSize',15);
```

表 2.2 くじの玉の色（5 色）と用意した個数.

色 (ω)	赤	黄	青	白	金
確率変数 $X(\omega) = v_i$	100	200	300	500	800
用意した数	45	25	15	10	5
確率 $f(v_i)$	0.45	0.25	0.15	0.10	0.05
累積分布関数 $F(v_i)$	0.45	0.70	0.85	0.95	1.0

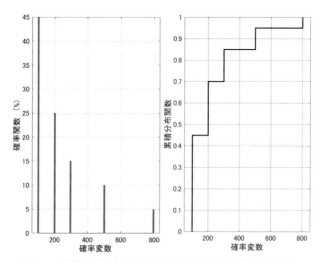

図 2.4 離散型確率変数と確率関数および（累積）分布関数.

- 確率変数の値 x を行列として定義し，repelem(x,[45 25 15 10 5]) により，x の第 1 要素（100）を 45 回，第 2 要素（200）を 25 回，… 繰り返すデータ表 u を作成．これが統計の元データとなる．

- cdfplot(u) は u から累積分布関数（cdf）を作成，描画．

MATLAB による累積分布関数などの計算：連続型 先にあげたゼンマイ時計の示す時刻の例に対しては，分布関数を表 2.3 のように定義することができる．

正規分布する乱数から作った分布を画くスクリプトを 40 頁に，またそれ

表 2.3　100 台の時計が正午に示す時刻.

時刻下限	11:53	11:55	11:57	11:59	12:01	12:03
時刻上限	11:55	11:57	11:59	12:01	12:03	12:05
時計の数	1	8	21	39	28	3

によって得られる図を図 2.5 に示す．あわせて，ビンの幅を細かく区切ったときの分布の振る舞いおよびサンプル数を増やした場合の例も示す．分布の結果をサンプル数で割れば確率密度関数が得られる．

───── MATLAB 連続型確率変数を有限幅のビンに分けたときの確率関数 ─────
```
r=normrnd(0,2,100,1);
histfit(r,6,'normal');grid on
histfit(r,10,'normal');grid on
histfit(r,20,'normal'); grid on
```

- `r=normrnd(0,2,100,1)` により平均値 $=0$，標準偏差 $=2$ の正規分布に従う乱数を 100 個抽出しデータ表を作り，1 次元配列 r を作成する．

- `histfit(r,10,'normal')` は，乱数データの集合 r から 10 個のビンの度数分布表を作成する．さらに `'normal'` により，このヒストグラムに正規分布の密度関数を当てはめる．

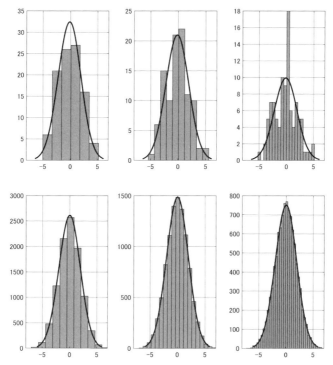

図 2.5 連続型確率変数と確率関数．分布を有限区間（ビン）ごとに分けて表示した場合．（上段）100 個の乱数によりサンプルを生成した．ビンの数は 6, 10, 20 と変えた．（下段）サンプル数を 10000 個とし，ビンの数も上段の倍にした．

2.4 平均値と分散

　平均値（mean）と分散（variance）は統計における基本的な概念である．平均値は与えられた分布の確率（密度）関数を重みとした確率変数の値の算術平均であり，**期待値**（expected value）とも呼ばれる．分散は，平均値の周りでの分布のばらつきの目安を与える．

2.4.1 平均値および分散の定義
1 確率変数に関する平均値および分散は次のように定義される：

$$\text{平均値 } \mu = E[X] = \begin{cases} \displaystyle\sum_k v_k f(v_k) & \text{（離散分布）} \\ \displaystyle\int_{-\infty}^{\infty} x f(x) \mathrm{d}x & \text{（連続分布）} \end{cases} \tag{2.9a}$$

$$\text{分散 } V[X] = E[\{X - E(X)\}^2] = \begin{cases} \displaystyle\sum_k (v_k - \mu)^2 f(v_k) & \text{（離散分布）} \\ \displaystyle\int_{-\infty}^{\infty} (x - \mu)^2 f(x) \mathrm{d}x & \text{（連続分布）} \end{cases}$$
$$\tag{2.9b}$$

分散は σ^2 とも書かれ，分散の平方根 σ は**標準偏差**（standard deviation）という．

2.4.2 分散の性質
1 確率変数の分散には次のような性質がある：

1. $V[X] > 0$.
2. $V[X] = E[X^2] - \mu^2$. (2.10)
3. $V[aX + b] = E[\{(aX + b) - E[aX + b]\}^2] = a^2 V[X]$.

2.5 高次のモーメントと特性関数

2.5.1 モーメントとモーメント母関数

分散の定義 (2.9b) を一般化して

$$\mu_k \equiv E[X^k], \tag{2.11a}$$

$$\mu_k' \equiv E[(X-\mu)^k] \tag{2.11b}$$

を定義する．(2.11a) を原点の周りの k 次のモーメント，(2.11b) を平均値の周りの k 次のモーメントという．モーメントは確率変数の分布の様子（非対称性や広がり具合の詳細）を表す尺度となる．コーシー分布（表3.1）のように広くゆっくり広がった分布では，これらのモーメントは定義することはできない．

モーメントを求めるには，モーメント母関数

$$M(t) = E[e^{tX}] = \begin{cases} \sum_l e^{tv_l} f(v_l) & : 離散型確率変数 \\ \int_{-\infty}^{\infty} e^{tx} f(x) \mathrm{d}x & : 連続型確率変数 \end{cases} \tag{2.12}$$

が便利である．モーメント母関数が求められればその $t=0$ における k 次微分が原点の周りの k 次モーメントを与える：

$$\left. \frac{\mathrm{d}^k M(t)}{\mathrm{d}t^k} \right|_{t=0} = \mu_k. \tag{2.13}$$

2.5.2 歪度と尖度

歪度

分布の非対称性を表す尺度を歪度（わいど）という．これは期待値の周りの3次のモーメントと標準偏差を用いて

$$\alpha_3 = \frac{E[(X-\mu)^3]}{\sigma^3} \tag{2.14a}$$

と定義される．平均値の周りで分布の広がりが対称であるなら $\alpha_3 = 0$，右（左）側に広がった分布であるなら $\alpha_3 > (<) 0$ となる．

尖度

分布の尖り具合を表す尺度を尖度という．尖度は期待値の周りの4次のモーメントと標準偏差を用いて

$$\beta_2 = \frac{E[(X-\mu)^4]}{\sigma^4} - 3 \tag{2.14b}$$

と定義する．分布が正規分布の場合は$\beta_2 = 0$，正規分布より尖って（広がって）いれば$\beta_2 > (<) 0$となる．

MATLAB での尖度の定義

尖度の定義として

$$\beta_2 = \frac{E[(X-\mu)^4]}{\sigma^4} \tag{2.14c}$$

とすることもあるので，定義には注意する必要がある．MATLABでは尖度の定義として式 (2.14c) を採用している．

平均値（mean），標準偏差（std），歪度（skewness），尖度（kurtosis）の計算を示しておく．

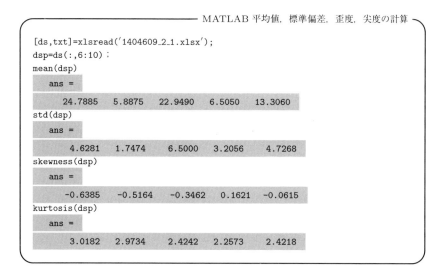

MATLAB 平均値，標準偏差，歪度，尖度の計算

```
[ds,txt]=xlsread('1404609_2_1.xlsx');
dsp=ds(:,6:10);
mean(dsp)
  ans =
      24.7885    5.8875   22.9490    6.5050   13.3060
std(dsp)
  ans =
       4.6281    1.7474    6.5000    3.2056    4.7268
skewness(dsp)
  ans =
      -0.6385   -0.5164   -0.3462    0.1621   -0.0615
kurtosis(dsp)
  ans =
       3.0182    2.9734    2.4242    2.2573    2.4218
```

2.5.3 特性関数

ある分布に対して

$$\phi(t) = E[e^{itX}] = \begin{cases} \sum_l e^{itv_l} f(v_l) & : \text{離散型確率変数} \\ \int_{-\infty}^{\infty} e^{itx} f(x) dx & : \text{連続型確率変数} \end{cases} \quad (2.15)$$

を**特性関数**（characteristic function）という．これは

$$|\phi(t)| \leq E[|e^{itX}|] = 1$$

を満足する．$\phi(t)$ は，$f(x)$ が確率（密度）関数である限り，すなわち $\sum f(x) = 1$ あるいは $\int_{-\infty}^{\infty} dx f(x) = 1$ である限りつねに有限で存在する．式 (2.15) のような変換をフーリエ変換という．フーリエ変換あるいは次のフーリエ逆変換の詳細については，フーリエ変換のテキスト，たとえば藤原毅夫，栄伸一郎『フーリエ解析 + 偏微分方程式』（裳華房，2007）を参照してほしい．

いくつかの必要事項に関して結果のみ列挙する．

- $X_1, \cdots, X_n$ が独立な確率変数であるならば，X_j の特性関数を $\phi_j(t)$ とすると $Y = X_1 + \cdots + X_n$ の特性関数は

$$\begin{aligned} \phi_Y(t) = E[e^{itY}] &= E[e^{itX_1}] E[e^{itX_2Y}] \cdots E[e^{itX_n}] \\ &= \phi_{X_1}(t) \phi_{X_2}(t) \cdots \phi_{X_n}(t). \end{aligned} \quad (2.16)$$

- 反転公式

$$\begin{cases} f(x) = \dfrac{1}{2\pi} \int_{-\infty}^{\infty} e^{-ixt} \phi(t) dt & \text{（連続型）} \\ f(k) = \dfrac{1}{2\pi} \int_{-\infty}^{\infty} e^{-ikt} \phi(t) dt & \text{（離散型）} \end{cases} \quad (2.17)$$

ただし離散分布の場合は k は整数値のみをとる．これはフーリエ逆変換の式である．

第3章 さまざまな分布

　確率事象において，確率変数の値の分布の様子はいろいろである．確率変数にはある決まった離散的な値をとるものも，あるいは連続的な値をとるものもある．また値の分布の仕方が一様なものもあれば，ある値を中心として特徴的な様子をみせるものもある．分布の仕方は事象の根本的な性質に基づくものである．本章では，それらの分布について考える．

3.1 離散分布

3.1.1 2点分布
　コイントスのように結果が2種類（表 ($x=0$) か裏 ($x=1$) か）のパターンからなり，それらが起こる確率 $P(x)$ が $P(0)=p$ と $P(1)=q=1-p$ である試行（実験）を**ベルヌーイ試行**（Bernoulli trial）という．またこのときの分布を **2点分布**（two point distribution）という．
　一様乱数からベルヌーイ試行を作るスクリプトを次に与える．

```
―――――――――― MATLAB 一様乱数からベルヌーイ試行を作る ―
rng(0,'twister');
n=100000;
p=0.5;
A=(rand([1,n]) > 1-p);
sum(A,'all')
n-sum(A,'all')
X=2*A-1;
histogram(X)
```

- rng(0,'twister') によりメルセンヌ・ツイスタのシードを 0 に固定.

- x > 1-p は $x > 1-p$ が真なら 1，偽なら 0 を返す．したがって A = (rand([1,n]) > 1-p) は，rand([1,n]) により n 個の $(0,1)$ 区間の一様乱数 $x_i (i=1,2,\cdots,n)$ を生成し，その要素 x_i に対応して，$x_i > 1-p$ が真なら 1，偽なら 0 であるロジカル変数列 A を作る．

- sum(A, 'all') は，配列 A の「すべて」の要素各成分の和，すなわちベルヌーイ試行での「1」の個数を与える．n-sum(A,'all') は「0」の個数．実際に行列 A の中にある「1」と「0」の個数がいくつであったか確認する．

- X = 2*A-1 では，ロジカル変数列 A（真偽値 1 または 0）から，確率 p で +1 (確率 $q = 1-p$ で -1) になる確率変数の列 X を作る．histogram(X) でデータ X の 2 点分布のヒストグラムを描く．

3.1.2　2項分布

ベルヌーイ試行を行ったとき，確率変数 X_i の部分和 $S_n = X_1 + X_2 + \cdots + X_n$ もまた，$-n$ から $+n$ までの整数値をとる確率変数となる．n 回のコイントスを行うベルヌーイ試行を繰り返したとき，表が k 回出て，裏が $(n-k)$ 回出る確率関数は

$$f(k) = {}_nC_k p^k (1-p)^{n-k}, \quad k = \{0, 1, 2, 3, \cdots, n\} \tag{3.1}$$

である．この分布を 2 項分布（binomial distribution）と呼ぶ．${}_nC_k$ は 2 項係数 ${}_nC_k = \frac{n!}{k!(n-k)!}$ である．ベルヌーイ試行を繰り返して 2 項分布を作るスクリプトを次頁に与え，その結果を図 3.1 に示す．

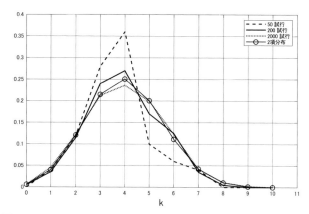

図 3.1 ベルヌーイ試行による 2 項分布の生成と 2 項分布の確率分布関数 $f(k)$. $n=10$, $p=0.4$ のベルヌーイ試行を何回も回数を変えながら繰り返したとき，2 項分布の確率関数 $f(k)$ への近付づき方をみる．いずれも離散分布であるからデータ点のみ意味があるが，見やすさのためにデータ点を線で結んだ（ビンの巾を 1 としたときの度数分布多角形）．

———— MATLAB ベルヌーイ試行から 2 項分布を作る ————

```
n=10; p=0.4;
NNtri=[50,200,2000];
for itry=1:3
  Ntrial=NNtri(itry);
  Ytrial(itry,1:n+1)=zeros([1,n+1]);
  for trial=1:Ntrial
    A=(rand([1,n]) > 1-p);
    k=sum(A);
    Ytrial(itry,k+1)=Ytrial(itry,k+1)+1;
  end
  Ytrial(itry,:)=Ytrial(itry,:)/Ntrial;
end
plot([0:n],Ytrial(1,:),'--k','LineWidth',1.5); hold on
plot([0:n],Ytrial(2,:),'-k','LineWidth',1.5); hold on
plot([0:n],Ytrial(3,:),':k','LineWidth',1.5); hold on
plot([0:n],binopdf([0:n],n,p),'-ok','LineWidth',1,'MarkerSize',7);
hold off
legend('50 試行','200 試行','2000 試行','2 項分布')
xlim([0,n+1]);xlabel('k','FontSize',15);grid on
```

- 一番外側の for 文（変数 $itry$）により試行回数（$NNtri$）50，200，

- 内側の for 文（変数 $trial$）により，n 回のベルヌーイ試行を実行する．`rand([m,n])` は $(0,1)$ 範囲の一様乱数を $m \times n$ 個発生させ，m 行 n 列の行列とする．`A=(rand([1,n])>1-p)` により，n 回の試行のうち，0 が $1-p$ の割合，1 が p の割合で発生する．

- `k = sum(A)` は A の成分（0 か 1）を足し合わせる．したがって k は，1 が出た試行の回数となる（2 点分布の項）．

- `plot([0:n],Ytrial(1,:))` により $x=0,1,\cdots,n$ を x 座標，$Ytrial(1,:)$ を y 座標とした各点を直線でつなぐ．ここでは以降 `'**'` により，線種および線の色，その後で線幅を指定している．

- `binopdf([0:n],n,p)` は与えられた n,p に対する 2 項分布の確率関数．

- `xlim([a,b])`，`ylim([c,d])` は x 軸および y 軸の範囲を指定．

3.1.3 ポアソン分布

ある事象が起きるか起きないかをベルヌーイ試行として考える．単位時間内に，それぞれの結果が生じる回数を表す確率分布をポアソン分布（Poisson distribution）という．

事象が k 回起きるときその確率関数 $f(k)$ は

$$f(k) = \mathrm{e}^{-\lambda} \frac{\lambda^k}{k!} \tag{3.2}$$

となる．ポアソン分布 $f(k)$ は 2 項分布 ${}_nC_k p^k (1-p)^{n-k}$ において，$\lambda = np$ として，λ と k を一定のまま $n \to \infty$ とする極限として得られる：

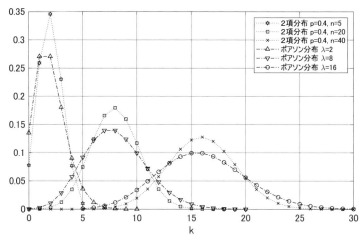

図 3.2 2項分布とポアソン分布の確率関数. $\lambda = np$ の対応を確認せよ. いずれも離散分布であるが点が錯綜して見難いため, データ点の間を点線または鎖線で結んだ.

$$\begin{aligned}
{}_nC_k p^k(1-p)^{n-k} &= \frac{n!}{k!(n-k)!}p^k(1-p)^{n-k} \\
&= \frac{n(n-1)\cdots(n-k+1)}{k!}\left(\frac{\lambda}{n}\right)^k\left(1-\frac{\lambda}{n}\right)^{n-k} \\
&= \frac{\lambda^k}{k!}\left\{\left(1-\frac{1}{n}\right)\left(1-\frac{2}{n}\right)\cdots\left(1-\frac{k-1}{n}\right)\left(1-\frac{\lambda}{n}\right)^{-k}\right\}\left(1-\frac{\lambda}{n}\right)^n \\
&\to e^{-\lambda}\frac{\lambda^k}{k!} \quad (n\to\infty).
\end{aligned} \qquad (3.3)$$

2項分布およびポアソン分布のいくつかを計算し描画するスクリプトを下に, 結果を図 3.2 に示す.

```
―――― MATLAB 2項分布およびポアソン分布の確率関数 ――――
plot([0:20],binopdf([0:20],20,0.4),'xk','LineWidth',1,'MarkerSize',7)
hold on
plot([0:20],poisspdf([0:20],8),'^r','LineWidth',1,'MarkerSize',5)
```

- `binopdf(x,n,p)` は, ベルヌーイ試行を n 回繰り返したときに「1」が

x 回出る 2 項分布の確率関数. $x > n$ のときは 0 を返す.

- `poisspdf(x,lambda)` は, lambda (λ) を与えたときのポアソン分布の確率関数.

- `plot` の中の '**' 以降では, マーカーの色と太さ, サイズを指定. ^は三角形マーカー.

放射性物質の崩壊とポアソン分布

　ポアソン分布 (3.2) を少し違った手順で導こう. 放射性物質が時刻 t に $N(t)$ あるとする. それが時刻 $t \sim t+\delta t$ に崩壊する数 $-\delta N(t)$ は δt, $N(t)$ に比例し, その比例定数は λ であるとする. この現象を記述する方程式は

$$-\delta N(t) = \lambda N(t) \delta t \quad \to \quad -\frac{\delta N(t)}{\delta t} = \lambda N(t)$$

である.

$$P_0(t) \equiv \frac{N(t)}{N(0)} \ , \quad P_0(0) = 1$$

と書くと, $P_0(t)$ は 1 個の放射性同位元素が時間 $0 \sim t$ の間に崩壊しない確率であると理解できる. 上の微分方程式を書き直せば

$$\frac{\mathrm{d}P_0(t)}{\mathrm{d}t} = -\lambda P_0(t) \tag{3.4}$$

となり, 解は次式で与えられる:

$$P_0(t) = \mathrm{e}^{-\lambda t}.$$

　次に $0 \sim t$ の間に k 個の崩壊が起きる確率を $P_k(t)$ と書く. $0 \sim t+\delta t$ の間に k 個のイベントが起きるということは, $0 \sim t$ の間にすでに k 個のイベントが発生しかつ $t \sim t+\delta t$ では何も起きないか, $0 \sim t$ に $k-1$ 個のイベントが発生しかつ $t \sim t+\delta t$ でさらに 1 つのイベントが起きたか, であるから, 条件付確率の式から

$$P_k(t+\delta t) = (1-\lambda \delta t) P_k(t) + \lambda \delta t P_{k-1}(t)$$

と書かれる. 整理して $P_k(t+\delta) - P_k(t) = \delta t \lambda \{P_{k-1}(t) - P_k(t)\}$ である. δ

→ 0 の極限をとって，これを微分方程式に書き直すと

$$\frac{dP_k(t)}{dt} = \lambda\{P_{k-1}(t) - P_k(t)\}$$

となる．$P_0(t) = e^{-\lambda t}$ のもとで，まず $k=1$ について解けば $P_1(t) = (\lambda t)e^{-\lambda t}$ である．

さらにこれを上の微分方程式に代入して解けば $P_2(t) = e^{-\lambda t}(\lambda t)^2/2$ を得る．これを繰り返して一般の k に対して

$$P_k(t) = e^{-\lambda t}\frac{(\lambda t)^k}{k!} \tag{3.5}$$

が得られる．単位時間の中で，k 回のイベントが起きる確率が $f(k)$ であるから，この式で $t=1$ として式 (3.2) が得られる．

3.2 連続分布

3.2.1 一様分布

確率変数が $[a,b]$ で連続の値をとり，確率が一定である分布を**一様分布**（uniform distribution）と呼ぶ．その確率密度関数は次のようになる：

$$f(x) = \begin{cases} \dfrac{1}{b-a} & : a \leq x \leq b \\ 0 & : \text{それ以外} \end{cases} \tag{3.6}$$

3.2.2 指数分布

ポアソン分布の導出で用いた式 (3.4) を読み替えて，$P_0(t)$ を「時刻 t までは事象が起こらず，t で初めて事象が起きる確率」$f(t)$ とみることができる．このとき確率密度関数 $f(t)$ の規格化を考慮すれば

$$f(t) = \lambda e^{-\lambda t} \tag{3.7}$$

を得る．これを**指数分布**（exponential distribution）と呼ぶ．

3.2.3 ガンマ分布

ポアソン分布に関係の深い連続分布としてガンマ（Γ）分布がある．

指数分布を導く際に行ったのと同じように，一般の k に対しても $P_k(t)$ を「k 個のイベントが起きる時間 t の分布」の確率密度と考える．確率密度関数は，t に関して積分すると 1 であるから少し余計な係数が必要となり，

$$f(t;k,\lambda) = \frac{\lambda^{k+1}}{k!}e^{-\lambda t}t^k \qquad (3.8\text{a})$$

を得る．これを**ガンマ分布**という．ガンマ分布はまた

$$f(t|\alpha,\beta) = \frac{1}{\beta^\alpha \Gamma(\alpha)}e^{-t/\beta}t^{\alpha-1} \qquad (3.8\text{b})$$

とも書く（MATLAB はこちらの定義を使っている）．$\Gamma(\alpha)$ はガンマ関数[1]である．指数分布は，ガンマ分布の $\alpha = 1$ の場合に対応する．

3.2.4 正規分布

これからの議論の中で非常に重要な分布となるのは，**正規分布**（normal distribution）であり，その確率密度関数は次のようになる：

$$f(x) = \frac{1}{\sqrt{2\pi\sigma^2}}\exp\left[-\frac{(x-\mu)^2}{2\sigma^2}\right]. \qquad (3.9)$$

ただし $-\infty < x < \infty$, $-\infty < \mu < \infty$, $\sigma > 0$．確率密度関数および累積分布関数を求めるためのスクリプトを次頁に，結果を図 3.3 に示す．μ は分布の平均値，σ^2 は分散（広がりの目安）を与え，この正規分布を $N(\mu,\sigma^2)$ と書く．$\mu = 0, \sigma^2 = 1$ のとき**標準正規分布**といい，$N(0,1)$ と書く．

---

[1] α が正整数の場合には，$\Gamma(\alpha) = (\alpha-1)!$．$\Gamma(\alpha)$ の詳細については，例えば藤原毅夫『複素関数論 II』（丸善出版, 2014）を参照してほしい．

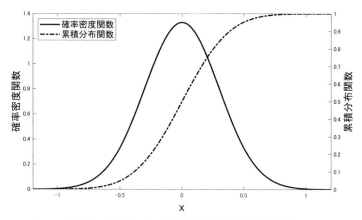

図 3.3 正規分布の確率密度関数と累積分布関数 ($\mu=0$, $\sigma=0.3$).

---- MATLAB 正規分布の確率密度関数と累積分布関数 ----

```
x=-2:0.01:2
mu=0
sigma=0.3
y=normpdf(x,mu,sigma);
z=normcdf(x,mu,sigma);
colororder('k','r');
yyaxis left
  plot(x,y,'LineWidth',2);
  ylabel('確率密度関数','FontSize',15)
yyaxis right
  plot(x,z,'LineWidth',2);
  ylabel('累積分布関数','FontSize',15)
xlabel('x','FontSize',20);
legend('確率密度関数','累積分布関数', 'FontSize',13, ...
  'Location','northwest')
xlim([-1.2,1.2])
```

- normpdf(x,mu,sigma), normcdf(x,mu,sigma) は平均値 mu ($=\mu$), 標準偏差 sigma ($=\sigma$) である正規分布の確率密度関数, 累積分布関数を変数 x (スカラーでもベクトルでもよい) に対して与える.

- yyaxis left および yyaxis right は左右の縦軸を指定. それ以下は

指定した軸およびそのラベルに対するコマンド.

- 2つの縦軸を使う場合，それぞれの軸に対するプロットの色は，違えて出力する．`colororder` によりその色を指定．図 3.3 では線種で区別している．

3.2.5 χ^2（カイ 2 乗）分布

標準正規分布 $N(0,1)$ に従う確率変数を X とするとき $Y = X^2$ を確率変数とする分布の確率密度関数は

$$f_Y(y) = \begin{cases} 0 & (y < 0) \\ \dfrac{1}{\sqrt{2\pi}} y^{-1/2} \exp\left(-\dfrac{y}{2}\right) & (y \geq 0) \end{cases} \tag{3.10}$$

であり，これを χ^2（カイ 2 乗）分布という．この分布の導出は 4.4.2 項 (a) で行う．

$X_1, X_2, \cdots, X_k$ が互いに独立で標準正規分布 $N(0,1)$ に従う確率変数であるとき，$Y = X_1{}^2 + X_2{}^2 + \cdots + X_k{}^2$ を確率変数とする分布の確率密度関数は

$$f_Y(y; k) = \begin{cases} 0 & (y < 0) \\ \dfrac{1}{2^{k/2}\Gamma(k/2)} y^{k/2-1} \exp\left(-\dfrac{y}{2}\right) & (y \geq 0) \end{cases} \tag{3.11}$$

となる．これを<u>自由度 k</u> の χ^2 分布という．χ^2 分布は変数の値が正の領域に広く裾を引き非対称になる．$k=1, =2, \geq 3$ の場合，$f(0,k) = \infty, = 1/2, = 0$ となることに注意．いくつかの分布を図 3.4 に示す．

3.2.6 F 分布

確率変数 U_1 と U_2 は自由度がそれぞれ d_1, d_2 である χ^2 分布に従い，かつ統計学的に独立とする．このとき 2 つの変数の比

$$X = \frac{U_1/d_1}{U_2/d_2} \tag{3.12}$$

は，自由度 (d_1, d_2) である F 分布に従う確率変数であり，その確率密度関数は

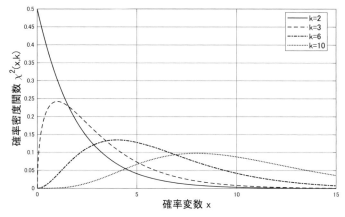

図 3.4 χ^2 分布の確率密度関数 $f(x; k)$.

$$f(x; d_1, d_2) = \frac{(d_1/d_2)^{(d_1/2)}}{B(d_1/2, d_2/2)} \cdot \frac{x^{d_1/2-1}}{(1+(d_1/d_2)x)^{(d_1+d_2)/2}} \qquad (3.13)$$

である.ここで正の実数 x に対し d_1 と d_2 は正整数で,B はベータ関数である.累積分布関数は

$$F(x) = I_{\frac{d_1 x}{d_1 x + d_2}}(d_1/2, d_2/2). \qquad (3.14)$$

ここで,I は正規化不完全ベータ関数[2]である.F 分布は右に長い裾を引く非対称な分布である.いくつかの例を図 3.5 に示す.

---

[2] ベータ関数 B は

$$B(p, q) = \int_0^1 x^{q-1}(1-x)^{q-1} dx, \quad (\mathrm{Re}(p), \mathrm{Re}(q) > 0)$$

と定義される.不完全ベータ関数は,$1 \leq z \leq 0$ に対して,

$$B_z(p, q) = \int_0^z x^{q-1}(1-x)^{q-1} dx, \quad (\mathrm{Re}(p), \mathrm{Re}(q) > 0)$$

と定義される.さらに正規化不完全ベータ関数は

$$I_z(p, q) = \frac{B_z(p, q)}{B(p, q)}$$

と定義される.これらの表示は p, q が複素数でもよい.$\mathrm{Re}(p)$ は p の実部を示す.

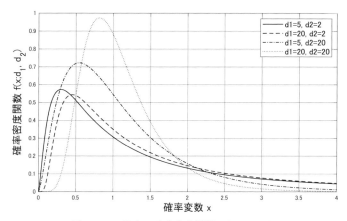

図 3.5 F 分布の確率密度関数 $f(x; d_1, d_2)$.

3.2.7 t 分布

標準正規分布 $N(0,1)$ に従う確率変数 Z と，自由度 ν の χ^2 分布に従う確率変数 Y に対し，変数

$$t = \frac{Z}{\sqrt{Y/\nu}} \tag{3.15}$$

を考える．変数 t は確率密度関数を

$$f(t;\nu) = \frac{\Gamma((\nu+1)/2)}{\sqrt{\nu\pi}\,\Gamma(\nu/2)}(1+t^2/\nu)^{-(\nu+1)/2} \tag{3.16}$$

とする分布となる（Γ はガンマ関数）．この分布の導出は 4.4.2(c) 項で行う．この分布を t 分布（またはスチューデント分布）と呼び，ν を自由度と呼ぶ．t 分布は $t=0$ を中心に左右対称となる．ν の小さいところでは分布の裾は広がり，$\nu=1$ ではコーシー分布（表 3.1）となる．いくつかの場合の確率密度関数を図 3.6 に示す．

χ^2 分布，F 分布，t 分布の確率密度関数，累積分布関数のコマンドを下にまとめておこう．

- `chi2pdf(x,k)`: 自由度 k の χ^2 分布の確率密度関数
  `chi2cdf(x,k)`: 自由度 k の χ^2 分布の累積分布関数

- `fpdf(x,`d_1`,`d_2`)`: 自由度 d_1, d_2 の F 分布の確率密度関数

表 3.1 さまざまな分布.

分布	確率関数 $f(k)$	平均と分散	特性関数
離散分布			
2 点分布 $(0 < p < 1)$	$p^k(1-p)^{1-k}$ $(k=0,1)$	p $p(1-p)$	$pe^{it}+(1-p)$
2 項分布 $(n\ 自然数)$	${}_nC_k p^k(1-p)^{n-k}$ $(0<p<1, k=0,1,2,\cdots,n)$	np $np(1-p)$	$(pe^{it}+(1-p))^n$
幾何分布 $(0<p<1)$	$p(1-p)^k$ $(k=0,1,2,\cdots)$	$(1-p)/p$ $(1-p)/p^2$	$p/(1-(1-p)e^{it})$
ポアソン分布 $(\lambda > 0)$	$e^{-\lambda}\lambda^k/k!$ $(k=0,1,2,\cdots)$	λ λ	$\exp(\lambda(e^{it}-1))$
連続分布			
一様分布 $(-\infty < a < b < \infty)$	$1/(b-a)$ $(a \leq x \leq b)$	$(a+b)/2$ $(b-a)^2/12$	$(e^{ibt}-e^{iat})/(i(b-a)t)$
指数分布 $(\alpha > 0)$	$\alpha e^{-\alpha x}$ $(x \geq 0)$	$1/\alpha$ $1/\alpha^2$	$(1-it/\alpha)^{-1}$
ガンマ分布 $(\alpha > 0)$	$\frac{1}{\beta^\alpha \Gamma(\alpha)}x^{\alpha-1}e^{-x/\beta}$ $(x \geq 0)$	$\alpha\beta$ $\alpha\beta^2$	$(1-i\beta t)^{-\alpha}$
正規分布 $(-\infty < \mu < \infty,\ \sigma > 0)$	$\frac{1}{\sqrt{2\pi}\sigma}\exp[-\frac{1}{2}\left(\frac{x-\mu}{\sigma}\right)^2]$ $(-\infty < x < \infty)$	μ σ^2	$\exp(i\mu t - \sigma^2 t^2/2)$
コーシー分布 $(-\infty < \mu < \infty, \alpha > 0)$	$\frac{1}{\pi}\frac{\alpha}{(x-\mu)^2+\alpha^2}$ $(-\infty < x < \infty)$	存在せず 存在せず	$\exp(i\mu t - \alpha|t|)$

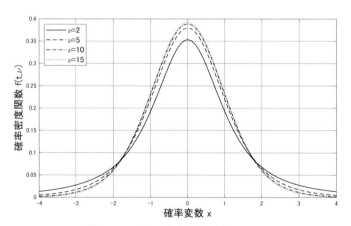

図 3.6 t 分布の確率密度関数 $f(x,\nu)$.

`fcdf(x,d`$_1$`,d`$_2$`)`; 自由度 d_1, d_2 の F 分布の累積分布関数

- `tpdf(x,`ν`)`; 自由度 ν の t 分布の確率密度関数
  `tcdf(x,`ν`)`; 自由度 ν の t 分布の累積分布関数

χ^2 分布，F 分布，t 分布は正規分布に関連して重要な役割を果たす．その導出は次の第 4 章で行う．

重要な分布を，表 3.1 にまとめておく．

ガウス

「アルキメデス，ニュートン，ガウス，この 3 人は偉大な数学者のなかでも格別群をぬいている．」といわれる（E. T. ベル『数学をつくった人びと』（田中勇，銀林浩訳，早川書房，2003））．ガウス（Carl Friedrich Gauss, 1777-1855）は，最小 2 乗法や正規分布（ガウス分布）でもその名前が出てくるが，近代数学のほとんどすべての分野の源流に位置しているといわれる．

この時代のことなので，研究成果を論文で発表するということもまだ定着しておらず，発表するための学術雑誌もほとんどなかった．ちなみに世界で最も古い学術雑誌は *Journal des sçavans* で 1665 年 1 月創刊（1665-1792，途中中断して 1816-現在），その次が *Philosophical Transactions of the Royal Society of London* で同じ年の 3 月創刊である．日本でいえば，江戸城天守閣が焼け落ちた明暦の大火（別名 振袖火事，1657 年 1 月）の少し後，江戸時代初期のことである．

このような当時の状況からわかるとおり，ガウス自身は研究成果のすべてを発表したわけではない．手紙に書いていたりメモの形で残っていたりするものも多い．「ガウスは，数学の中のいたるところにいまも生きている」のである（E. T. ベル，前出著）．

3.3　観測された分布がどのようなものかを知る：Q-Q プロット

観測された分布がどのようなものであるかを知ることは重要であるが簡単

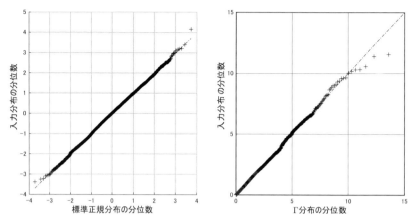

図 3.7 Q-Q プロット．(左) 標準正規分布する乱数 5000 点について，(右) それから作った 2 乗の分布 (横軸はガンマ分布の分位数). 標本点の少ない領域では直線から外れる．

ではない．ここでは，観測された分布と基準となる分布について，それらの累積確率を比較して判断する手法を説明しよう．

観測されたデータを y 軸 (x 軸) に，それが従うと考えられる分布の期待値を x 軸 (y 軸) にとりプロットする．これは同じ累積確率を与える確率変数の値を求めることになるから，2 つの分布が同じものであれば，得られたグラフはちょうど 45° の直線になる．これを Q-Q プロット (quantile-quantile plot) という．

例として標準正規分布する確率変数 X およびその 2 乗 X^2 (Γ 分布に従う) についての Q-Q プロットを図 3.7 に示す．またそれを実行するスクリプトを次に示そう．

3.3 観測された分布がどのようなものかを知る　61

────────── MATLAB Q-Q プロット

```
figure
Ntot=5000;
XY=randn(Ntot,1);
XY2=XY.^2;
% ---- for Standard Normal Distribution ----
qqplot(XY); grid on
xlabel('標準正規分布の分位数'); ylabel('入力分布 XY の分位数'); hold off
mu=mean(XY)
sigma=std(XY)
y = -4:0.05:4;
f = exp(-(y-mu).^2./(2*sigma^2))./(sigma*sqrt(2*pi));
histogram(XY,'Normalization','pdf'); hold on
plot(y,f,'LineWidth',1.5); grid on; hold off
% -------- for Gamma Distribution --------
ab=mean(XY2)
ab2=std(XY2)^2
b=ab2/ab
a=ab/b
XY2=sort(XY2);
for i=1:Ntot
   gammadata(i)=gaminv(i/Ntot,a,b);
end
qqplot(gammadata,XY2);hold on
plot([0,15],[0,15],'-.r')
xlabel('¥Gamma 分布の分位数');ylabel('入力分布 XY2 の分位数');
grid on; hold off
y=0:0.1:15
f=1/(b^a*gamma(a))*y.^(a-1).*exp(-y/b);
histogram(XY2,'Normalization','pdf'); hold on
plot(y,f,'LineWidth',1.5); grid on; hold off
```

- qqplot(x) は正規分布による理論的な分位数値に対する標本データ x の Q-Q プロット．qqplot(x,y) は標本データ y に対する標本データ x の Q-Q プロットを表示．正規分布に対しては簡単な書き方も可能であることに注意．

- histogram(X,'Normalization','pdf') は X のヒストグラムを 1 に規格化して表示．

- sort(X) コマンドにより分布 X を昇順に並べ替える．これによりデー

タの番号がデータ点の累積数となる．

- gaminv(p,a,b) はガンマ分布 $\dfrac{1}{b^a \Gamma(a)} x^{a-1} \mathrm{e}^{-x/b}$ について累積分布確率が p である点 x を与える（逆累積分布関数）．観測された分布の平均値および分散から a, b が計算できる．$a = 0.5$, $b = 2$ のガンマ分布すなわち自由度 1 の χ^2 分布になることが期待される．

- ヒストグラムと確率密度関数を重ねた図も（標準正規分布と自由度 1 のガンマ分布について）描く．

第4章 確率変数の同時分布

実際の確率事象ではほとんどの場合に複数の確率変数がかかわっている.何度も繰り返すコイントスでは,1回ごとのコイントスは互いに独立であるから,それぞれが独立事象である.これも複数の確率変数がかかわる事象の例として取り扱うことができる.確率事象である自然現象や社会現象にも,たくさんの確率変数が結び付いている.これらの記述の方法や分布の性質について考える.

4.1 複数の確率変数

4.1.1 同時分布

確率空間 $(\Omega, \mathcal{A}, P)$ において複数の確率変数 $X_1(\omega), X_2(\omega), \cdots, X_n(\omega)$ を同時に考えよう.これを同時分布という.標本点の集合 $\Omega = \{\omega\}$ に対して,$\{\omega : X_k(\omega) \leq x\}$ $(1 \leq k \leq n)$ はすべて事象であるから,同時分布事象の集合も事象である:

$$\{\omega : X_1(\omega) \leq x_1, X_2(\omega) \leq x_2, \cdots, X_n(\omega) \leq x_n\}$$
$$= \bigcap_{k=1}^{n} \{\omega : X_k(\omega) \leq x_k\} \in \mathcal{A}. \tag{4.1}$$

4.1.2 同時分布関数と周辺分布関数

同時分布の事象に対する確率 $F_{X_1 X_2, \cdots, X_n}(x_1, x_2, \cdots, x_n)$ は

$$F_{X_1 X_2, \cdots, X_n}(x_1, x_2, \cdots, x_n) = F(x_1, x_2, \cdots, x_n)$$
$$= P(\{\omega : X_1(\omega) \leq x_1, X_2(\omega) \leq x_2, \cdots, X_n(\omega) \leq x_n\})$$
$$= P\left(\bigcap_{k=1}^{n} \{\omega : X_k(\omega) \leq x_k\}\right) \tag{4.2}$$

となる．これを確率変数 $X_1(\omega), X_2(\omega), \cdots, X_n(\omega)$ の**同時分布関数**（または単に分布関数）という．

同時分布関数は，1 変数の分布関数が満たす性質 (2.6) と同様な次の性質（単調非減少，右連続，$x_1, x_2, \cdots \to \pm\infty$ における境界条件）を満たす．

1. 変数 X_1 のとりうる値 a_1, b_1（$a_1 \leq b_1$ とする），変数 X_2 のとりうる値 a_2, b_2（$a_2 \leq b_2$ とする）については，領域 $a_1 < x_1 \leq b_1, a_2 < x_2 \leq b_2$ に確率変数の値が存在する確率は 0 または正であるから

$$P(a_1 < x_1 \leq b_1, a_2 < x_2 \leq b_2)$$
$$= F(b_1, b_2) - F(b_1, a_2) - F(a_1, b_2) + F(a_1, a_2) \geq 0. \tag{4.3}$$

2. 右連続，すなわち $\lim_{\substack{x_1 \to a_1+0 \\ x_2 \to a_2+0}} F(x_1, x_2) = F(a_1, a_2)$.
3. $\lim_{x_1 \to -\infty} F(x_1, x_2) = \lim_{x_2 \to -\infty} F(x_1, x_2) = 0$.
4. $\lim_{\substack{x_1 \to \infty \\ x_2 \to \infty}} F(x_1, x_2) = 1$.

$F_{X_1}(x) = F(x, \infty)$ は確率変数 X_1 のみの 1 変数分布関数であり，$F_{X_2}(x) = F(\infty, x)$ は確率変数 X_2 のみの 1 変数分布関数である．これらをそれぞれ $X_1(\omega)$ あるいは $X_2(\omega)$ の**周辺分布関数**と呼ぶ．

4.1.3 同時確率関数

(a) 離散型分布に関する同時確率関数

2 つの離散型確率変数 X, Y がそれぞれ値 x, y をとる確率を

$$P(X = x, Y = y) = f_{XY}(x, y) = f(x, y) \tag{4.4}$$

と表したとき，$f(x, y)$ を**同時確率関数**という．これは

$$f(x,y) \geq 0, \quad \sum_{x,y} f(x,y) = 1 \qquad (4.5)$$

を満足しなくてはならない．上式で x,y の和は離散的値 $x_1, x_2, \cdots$ および $y_1, y_2, \cdots$ を動く．

同時確率関数を同時分布関数で表せば

$$f(x_i, y_j) = F(x_i, y_j) - F(x_{i-1}, y_j) - F(x_i, y_{j-1}) + F(x_{i-1}, y_{j-1}) \qquad (4.6)$$

である．ただし x_i と $x_{i-1}(x_i > x_{i-1})$, y_j と $y_{j-1}(y_j > y_{j-1})$ はそれぞれの確率変数がとる隣り合った値である．

(b) 連続型分布に関する同時確率密度関数

2つの連続型確率変数 X, Y に関する確率は

$$P(a_1 < x \leq b_1, a_2 < y \leq b_2) = \int_{a_1}^{b_1} \mathrm{d}x \left\{ \int_{a_2}^{b_2} \mathrm{d}y f(x,y) \right\} \qquad (4.7)$$

と表すことができる．$f(x,y)$ を**同時確率密度関数**という．

同時分布関数 $F(x,y)$ を $f(x,y)$ で表せば

$$F(x,y) = \int_{-\infty}^{x} \mathrm{d}x' \left\{ \int_{-\infty}^{y} \mathrm{d}y' f(x',y') \right\}, \qquad (4.8a)$$

$$f(x,y) = \frac{\partial^2}{\partial x \partial y} F(x,y) \qquad (4.8b)$$

である．周辺分布関数についても同様に定義，計算できる．確率変数 X または Y に関する情報のみを知りたい場合には以下の**周辺確率密度関数**を調べればよい．

$$f_X(x) = \int_{-\infty}^{\infty} \mathrm{d}y f_{XY}(x,y), \qquad (4.9a)$$

$$f_Y(y) = \int_{-\infty}^{\infty} \mathrm{d}x f_{XY}(x,y). \qquad (4.9b)$$

MATLAB による多変量正規分布の生成 平均値 μ，分散 σ^2 の正規分布 $N(\mu, \sigma^2)$ に従う乱数を MATLAB で発生させる 2 つの方法を示しておこう．

直接，平均値と標準偏差を指定して乱数列 Ra を得る方法と，標準正規分布をもとにして乱数列 Rb を作る方法である．

―――――――――――――――― MATLAB 正規分布する乱数の発生 ―

```
N = 1000;
mu=2;
sigma=1;
Ra=randn(N,1,mu,sigma)
Rb=sigma*randn(N,1)+mu
```

- randn(n1,n2,mu,sigma) は平均値 $\mu=$ mu, 標準偏差 $\sigma=$ sigma である正規分布に従う乱数を $n1\times n2$ 行列として生成．

- randn(n1,n2) は標準正規分布した乱数を $n1\times n2$ 行列として生成．

2 次元乱数に基づいて **2 変量正規分布** (2 次元正規分布) を作り，それを 2 次元ヒストグラム（度数分布表）に表すためのプログラムを示そう．分布は図 4.1(a) に，2 次元ヒストグラムは図 4.1(b) に示す．

―――――――――――――― MATLAB 2 変量正規分布する乱数発生と表示 ―

```
N = 1000;
R=randn(N,2);
plot(R(:,1),R(:,2),'o','Color','black','LineWidth',1); grid on;
xlabel('X_1','FontSize',15);ylabel('X_2','FontSize',15);
daspect([1 1 1]); hold off
histogram2(R(:,1),R(:,2),40);
xlabel('X_1','FontSize',15);ylabel('X_2','FontSize',15);
daspect([1 1 1]);
hold off
```

- randn(N,2) は標準正規分布する乱数を $N\times 2$ 行列として生成．

- daspect([1 1 1]) は縦，横，高さの比．2 次元のときもこのように書く．

- histogram2(R1,R2,40) は $(R1,R2)$ の 2 次元ヒストグラム．40 は 40×40 の均等間隔ビンに収納する指示．

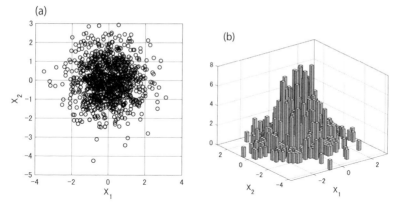

図 4.1 2変量標準正規分布. (a) 乱数の2次元分布, (b) (a) の分布に対応するヒストグラム (ビンは 40×40).

2変量正規分布の単位正方形における確率密度関数および累積分布関数を計算し描いてみよう. スクリプトを次に, 結果は図4.2(a) (b) に示す.

―――――――――― MATLAB 2変量正規分布の確率密度関数および累積分布関数 ――

```
mu=[0 0];
sigma=[1 0;0 2];
xo=-5:0.3:5;
yo=-5:0.3:5;
[X,Y]=meshgrid(xo,yo);
XY=[X(:)  Y(:)];
f=mvnpdf(XY,mu,sigma);
fp=reshape(f,length(xo),length(yo));
surf(X,Y,fp);
xlim([-2,2]); ylim([-2,2]);
caxis([min(f(:))-0.5*range(f(:)),max(f(:))]);
```

- mu=[0 0] で2成分変数の平均値をそれぞれ0とし, 2次元ベクトルとして定義.

- sigma=[1 0;0 2] は2成分変数の共分散行列 $\begin{pmatrix} 1 & 0 \\ 0 & 2 \end{pmatrix}$. ここでは, 2成分の広がりが異なり, 間には相関がないものを与えている.

- $xo = (xo(1), xo(2), \cdots, xo(n)), \quad yo = (yo(1), yo(2), \cdots, yo(n))$ を2次

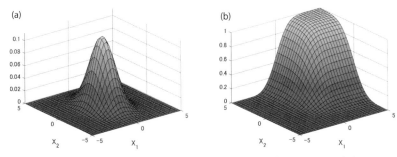

図 4.2 2 変量正規分布．平均値 $(0,0)$，標準偏差 $(1,2)$．(a) 確率密度関数 (pdf)，(b) 累積分布関数 (cdf)．

元平面のグリッドの座標として定義する．[X,Y] = meshgrid(x,y) により 2 次元座標 X, Y を定義する：$X(i,j) = xo(i),\ Y(i,j) = yo(j)$．

- XY=[X(:) Y(:)] により X, Y をそれぞれ 1 次元に並べ直し，$n \times n$ 行列 XY を作る．

- f = mvnpdf(XY,mu,sigma) により，XY の座標 $(XY(i,1), XY(i,2))$ に，(mu, sigma) の 2 変量正規分布の累積分布関数（2 成分 $= (XY(i,1), XY(i,2))$）の値を与える．

- fp=reshape(f,length(xo),length(yo)) により確率密度関数の値を 2 次元座標 $(xo(i), yo(j))$ に対応させて並べ替える（fp は $n \times n$ 行列）．すなわち $(xo(i), yo(j))$ 要素の値を $fp(i,j)$ とする．

- surf(X,Y,fp) は 2 変量正規分布の確率密度関数の 3 次元プロット．

- caxis([min(f(:))-0.5*range(f(:)),max(f(:))]) により高さ方向の上下限を制御．

4.2 共分散と相関係数

複数の確率変数 $X_1, X_2, \cdots, X_n$ に関して，$g(X_1, X_2, \cdots, X_n)$ の平均値は次のように定義される：

$$E[g(X_1, X_2, \cdots, X_n)]$$
$$= \begin{cases} \displaystyle\sum_{k_1}\cdots\sum_{k_n} g(v_{k_1},\cdots,v_{k_n}) f(v_{k_1},\cdots,v_{k_n}) & \text{(離散分布)}, \\ \displaystyle\int_{-\infty}^{\infty} dx_1 \cdots \int_{-\infty}^{\infty} dx_n g(x_1,\cdots,x_n) f(x_1,\cdots,x_n) & \text{(連続分布)}. \end{cases}$$
(4.10)

複数の確率変数を考える場合には，確率変数間の関係が重要である．それに関しては以下の共分散および相関係数を考える．

定義 (4.10) より，2 つの確率変数 X_1, X_2 に関する分散は次の性質を満たす．ただし μ_1, μ_2 はそれぞれ X_1, X_2 の平均値である．

$$V[X_1 + X_2] = V[X_1] + V[X_2] + 2E[(X_1 - \mu_1)(X_2 - \mu_2)]. \quad (4.11)$$

また $E[(X_1 - \mu_1)(X_2 - \mu_2)]$ を

$$\text{Cov}(X_1, X_2) = E[(X_1 - \mu_1)(X_2 - \mu_2)] \quad (4.12)$$

と書いて，**共分散**といい，これは 2 つの確率変数が独立か従属かの目安となる．また

$$\rho_{X_1 X_2} = \rho = \frac{\text{Cov}(X_1, X_2)}{\left[V[X_1]\, V[X_2]\right]^{1/2}} \quad (4.13)$$

を確率変数 X_1, X_2 の**相関係数**という．相関係数は

$$-1 \leq \rho \leq 1$$

であり，次の性質がある．

1. $X_2 = a + bX_1$ のとき $b > 0$ ならば $\rho = 1$, $b < 0$ ならば $\rho = -1$.
2. X_1 の増加に対し X_2 が増加傾向なら $\rho > 0$（正の相関）． (4.14)
3. X_1 の増加に対し X_2 が減少傾向なら $\rho < 0$（負の相関）．

相関係数は線形相関係数，積率相関係数などとも呼ばれ，変数間の線形な関係性をよく特徴づける量である．一方で，相関係数は X_1 と X_2 の間の非線形な関係性についてはうまく検出できない場合がある．たとえば 1 つの

確率変数 Θ として 0 と 2π の間の一様分布 $U(0,2\pi)$ をとって $X_1 = r\cos\Theta$, $X_2 = r\sin\Theta$ と 2 つの確率変数を作ると,これらの確率変数の間には明確な関係があるのに相関係数としては 0 になってしまう.このため,「X_1 と X_2 が独立なら無相関」は正しいが,「$\rho_{X_1 X_2} = 0$ ならば X_1 と X_2 は独立」は正しくないという点にも注意が必要である.

偏相関係数

多変量データを解析するときには,X_1, X_2 の間に相関がある場合 ($\rho_{X_1 X_2} > 0$) でも,X_1, X_2 の間の直接的な関係性を反映しているとは限らず,共通の要因(**交絡要因**)X_3 を反映した**擬似相関**かもしれないという点にも注意が必要である.交絡要因 X_3 に心当たりがあるとき,この擬似相関分を取り除いた X_1, X_2 間の相関を

$$\rho_{X_1 X_2 | X_3} = \frac{\rho_{X_1 X_2} - \rho_{X_1 X_3} \rho_{X_2 X_3}}{\sqrt{1 - \rho_{X_1 X_3}^2}\sqrt{1 - \rho_{X_2 X_3}^2}} \tag{4.15}$$

により計算することができる.これを**偏相関係数**という[1].

---

[1] $X_1 = aX_3 + \xi$, $X_2 = bX_3 + \zeta$ (ξ, ζ は X_3 と無相関)の場合,$\rho_{X_1 X_2 | X_3} = E[\xi\zeta]/\sqrt{V[\xi]V[\zeta]}$.

> **相関と交絡要因**
>
> 　確率変数 X_1, X_2 に相関があるということは，必ずしもその間に因果関係があるということを意味するものではない．
>
> 　世界的に権威のある雑誌 *New England Journal of Medicine* の Vol.367, No.16, 1562-1564 (2012) に，'Chocolate Consumption, Cognitive Function, and Nobel Laureates' (F. H. Messerli) という記事が掲載され，いくつかの国の国民 1 人当たりのチョコレート消費量と国民 1000 万人当たりのノーベル賞の獲得数には非常に大きな相関（相関係数 $\rho = 0.791$）があると報告した．これは原著論文ではなく Occasional Notes （「時々のメモ」？）欄に載ったものであるから，内容を深刻にとらえるべきではなかったのだ．記事の著者も，A（チョコレートの消費量）が B（ノーベル賞獲得数）の原因である，B が A の原因である，または，A と B には隠れた共通の原因（交絡要因）C がある，の 3 つの可能性があり，さらなる検討でさまざまな仮説を検証する必要がある，と述べている．雑誌社も末尾に 'Dr. Messerli reports regular daily chocolate consumption, mostly but not exclusively in the form of Lindt's dark varieties.' と書いている．しかし実際には世界各国のトップ新聞で，あたかも因果関係が認められたかのようなニュアンスを醸し出しながら，紹介された．
>
> 　この騒ぎから導かれる教訓は，<u>因果関係の判定が困難</u>であること，統計（AI?）から意味のある情報を見出し行動や政策に反映させるのは<u>人の仕事</u>であるということであろう．

MATLAB による共分散および相関係数の指定，計算

　これまでに出てきた 2 変量正規分布について共分散を指定して分布を得ること，および与えられた 2 次元分布に対して共分散，相関係数を計算してみよう．

　次頁のスクリプトで生成された分布を図 4.3 に示す．

```
                                              ── MATLAB 正規分布する乱数の発生 ──
mu=[2.5 3];
sigma=[2 0.7; 0.7 1];
rng('default')
R=mvnrnd(mu,sigma,1000);
scatter(R(:,1),R(:,2));
cov(R)
   ans =
          1.9959    0.6872
          0.6872    0.9894
corrcoef(R)
   ans =
          1.0000    0.4890
          0.4890    1.0000
```

- `rng('default')` はメルセンヌ・ツイスタのシードを 0 に初期化（MATLAB のスタート時の設定値）する．`rng` を用いて任意の正数をシードに設定可能．同じ値をシードとして指定すれば，<u>同じ乱数列</u>が得られる．

- `R=mvnrnd(mu,sigma,1000)` により指定した数（1000 個）だけの正規分布する座標の組が得られる．生成された標本点の平均値は (2.5,3)，共分散は行列の形（共分散行列）で

$$\text{sigma} = \begin{pmatrix} \text{Cov}(X_1, X_1) & \text{Cov}(X_1, X_2) \\ \text{Cov}(X_2, X_1) & \text{Cov}(X_2, X_2) \end{pmatrix} = \begin{pmatrix} 2 & 0.7 \\ 0.7 & 1 \end{pmatrix}$$

となるように設定する．

- `scatter(x,y)` により 2 次元空間の座標に点が配置される．

- `cov(R)` は結果としての共分散行列の確認．`corrcoef(R)` では相関係数行列を計算．

（ここでは描いていないが）分布の点の密度の等高線の長軸と短軸が X_1,

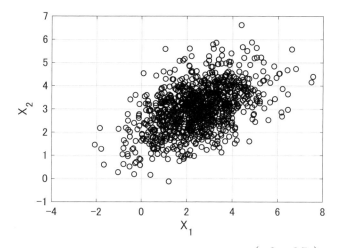

図 4.3 平均値 $\mu=(2.5,\ 3.0)$, 共分散行列 $\sigma=\begin{pmatrix} 2 & 0.7 \\ 0.7 & 1 \end{pmatrix}$ の 2 変量正規分布に従う乱数分布.

X_2 軸から傾いている (X_1 が増えれば X_2 が増える) のが特徴である. この長軸と短軸の傾きが共分散 $\mathrm{Cov}(X_1, X_2)$ によって決まる. 共分散が 0 であれば, 確率変数 (を座標軸にとった) 方向と 2 次元分布の長軸, 短軸の方向は一致する.

4.3 独立な確率分布の性質

4.3.1 独立な確率変数

1 つの試行に対して, 複数の確率変数 X_1, X_2 を考える. たとえばトランプカードをめくるという試行に対して, カードの赤黒 x_1 とカードの数 1-13 の偶奇 x_2 である. 任意の x_1, x_2 に対して

$$P(X_1 = x_1, X_2 = x_2) = P(X_1 = x_1)P(X_2 = x_2) \tag{4.16a}$$

が成立するとき確率変数 X_1 と X_2 は**独立**であるという. あるいは

$$F(x_1, x_2) = F_{X_1}(x_1)F_{X_2}(x_2) \tag{4.16b}$$

と言い換えることもできる.

確率変数 X_1 と X_2 が独立であるならば,2 つの確率変数の間には相関がない(無相関),すなわち

$$\mathrm{Cov}(X_1, X_2) = 0. \tag{4.17}$$

確率変数が独立であるとき,すなわち式 (4.16b) が成り立つとき式 (4.17) であることを示しておこう.

- **2 つの確率変数の積の期待値**:X_1, X_2 が独立であれば定義 (4.10) により

$$\begin{aligned} E[X_1 X_2] &= \iint x_1 x_2 f_{X_1 X_2}(x_1, x_2) \mathrm{d}x_1 \mathrm{d}x_2 \\ &= \int x_1 f_{X_1}(x_1) \mathrm{d}x_1 \int x_2 f_{X_2}(,x_2) \mathrm{d}x_1 \mathrm{d}x_2 \\ &= E[X_1] E[X_2] \end{aligned} \tag{4.18}$$

である[2].

- **相関**:X_1, X_2 が独立であれば

$$\begin{aligned} \mathrm{Cov}(X_1, X_2) &= E[(X_1 - \mu_{X_1})(X_2 - \mu_{X_2})] \\ &= E[X_1 X_2] - \mu_{X_1} E[X_2] - \mu_{X_2} E[X_1] + \mu_{X_1} \mu_{X_2} \\ &= E[X_1 X_2] - E[X_1] E[X_2] = 0. \end{aligned} \tag{4.19}$$

最後の等号 ($= 0$) は,X_1 と X_2 が独立であるという仮定による.

すでに述べたように,逆に 2 つの確率変数の間に相関がなくてもそれらが独立とは限らない.

4.3.2 独立な確率変数の和

(a) 平均値と分散に関する加法性

一般に(独立であってもそうでなくても)確率変数の和に関しては,次の

---

[2] 連続分布の場合のみ途中の変形を示したが,離散分布の場合も同様である.

ような加法性が成り立つことが平均値の定義からすぐに示すことができる：

$$E[X_1 + X_2] = E[X_1] + E[X_2]. \tag{4.20}$$

一方，分散に関しては (4.11) であるから，X_1, X_2 が独立であれば

$$V[X_1 + X_2] = V[X_1] + V[X_2] \tag{4.21}$$

が成り立つ．

(b) 複数の確率変数が同一分布である場合

確率変数 $X_1, X_2, \cdots, X_n$ が独立で同一分布に従うとき，

$$E[X_1] = E[X_2] = \cdots = E[X_n] = \mu,$$
$$V[X_1] = V[X_2] = \cdots = V[X_n] = \sigma^2$$

であるから

$$E[X_1 + X_2 + \cdots + X_n] = n\mu, \tag{4.22a}$$
$$V[X_1 + X_2 + \cdots + X_n] = n\sigma^2. \tag{4.22b}$$

これから標準偏差は

$$\sqrt{V[X_1 + X_2 + \cdots + X_n]} = \sqrt{n}\sigma \tag{4.22c}$$

となる．

また，新たな確率変数として，それらの相加平均

$$\bar{X} = \frac{X_1 + X_2 + \cdots + X_n}{n} \tag{4.23a}$$

を考えれば，

$$E[\bar{X}] = \mu, \tag{4.23b}$$
$$V[\bar{X}] = \frac{\sigma^2}{n} = \left(\frac{\sigma}{\sqrt{n}}\right)^2 \tag{4.23c}$$

であり，標準偏差は $\sqrt{n}$ に反比例して小さくなり，分布の幅は狭くなる．

(c) 確率変数が正規分布である場合

上の結果から次のことがわかる.

確率変数 $X_1, X_2, \cdots, X_n$ が独立でかつ各々が正規分布 $N(\mu_1, \sigma_1^2)$, $N(\mu_2, \sigma_2^2), \cdots, N(\mu_n, \sigma_n^2)$ に従うならば

- $X_1 + X_2 + \cdots + X_n$ は正規分布 $N(\mu_1 + \mu_2 + \cdots + \mu_n, \sigma_1^2 + \cdots + \sigma_n^2)$ に従う.

- $c_1 X_1 + c_2 X_2 + \cdots + c_n X_n$ は正規分布 $N(c_1\mu_1 + c_2\mu_2 + \cdots + c_n\mu_n, c_1^2\sigma_1^2 + \cdots + c_n^2\sigma_n^2)$ に従う.

- $\mu_1 = \cdots = \mu_n = \mu$, $\sigma_1^2 = \cdots = \sigma_n^2 = \sigma^2$ であるならば
  (1) $X_1 + X_2 + \cdots + X_n$ は正規分布 $N(n\mu, n\sigma^2)$ に従う.
  (2) $\bar{X} = \dfrac{X_1 + X_2 + \cdots + X_n}{n}$ は正規分布 $N\left(\mu, \dfrac{\sigma^2}{n}\right)$ に従う.

4.4 確率変数の変換

4.4.1 変数変換

最初に,準備としての変数変換の一般論である.

(a) 単一の変数の変換

変数 x の代わりに $y = y(x)$ を用いることを考えよう.たとえば $f(y) = ax + b$ や $y(x) = x^2$ などを念頭におけばよい.これはまた $x = x(y)$ でもある.

テイラー展開の低次の項を考えれば

$$\delta x(y) = x(y + \delta y) - x(y) = \delta y \frac{dx}{dy} \tag{4.24}$$

であるから

$$\int dx\, f(x) = \int dy\, \frac{dx(y)}{dy} f(x(y)) \tag{4.25}$$

を得る.x から $y = y(x)$ への変数変換により,x に関する積分は式 (4.25) のように変換される.

(b) 複数の変数の変換とヤコビアン

2 変数の場合を考えよう．

2 つの変数 (x_1, x_2) を適当な 2 つの変数 (y_1, y_2) に変換した場合，2 変数関数 $f(x_1, x_2)$ の積分（2 重積分）

$$\iint \mathrm{d}x \mathrm{d}y f(x, y)$$

がどのように変換されるか考えよう（詳細は，藤原毅夫，藤堂眞治『データ科学のための微分積分・線形代数』（東京大学出版会，2021）7.3 節参照）．

変数変換および逆変換を次のように書こう：

$$y_1 = y_1(x_1, x_2), \quad y_2 = y_2(x_1, x_2), \tag{4.26a}$$

$$x_1 = x_1(y_1, y_2), \quad x_2 = x_2(y_1, y_2). \tag{4.26b}$$

点 (y_1, y_2) の周りの微小領域（2 辺のそれぞれが $\mathrm{d}y_1$, $\mathrm{d}y_2$ である平行四辺形）から，点 (x_1, x_2) の周りの微小領域（2 辺のそれぞれが $\mathrm{d}x_1$, $\mathrm{d}x_2$ である平行四辺形）への変換を考える．2 変数のテイラー展開により

$$x_1(y_1 + \mathrm{d}y_1, y_2 + \mathrm{d}y_2) - x_1(y_1, y_2) \simeq x_1(y_1, y_2) + \frac{\partial x_1}{\partial y_1} \mathrm{d}y_1 + \frac{\partial x_1}{\partial y_2} \mathrm{d}y_2$$

であるから，2 つの微小平行四辺形の各辺の長さの関係は

$$\begin{pmatrix} \mathrm{d}x_1 \\ \mathrm{d}x_2 \end{pmatrix} = \begin{pmatrix} x_1(y_1 + \mathrm{d}y_1, y_2 + \mathrm{d}y_2) - x_1(y_1, y_2) \\ x_2(y_1 + \mathrm{d}y_1, y_2 + \mathrm{d}y_2) - x_2(y_1, y_2) \end{pmatrix}$$

$$= \begin{pmatrix} \frac{\partial x_1}{\partial y_1} & \frac{\partial x_1}{\partial y_2} \\ \frac{\partial x_2}{\partial y_1} & \frac{\partial x_2}{\partial y_2} \end{pmatrix} \begin{pmatrix} \mathrm{d}y_1 \\ \mathrm{d}y_2 \end{pmatrix} \tag{4.27}$$

となる．ここに係数として表れた行列

$$J = \frac{\partial(x_1, x_2)}{\partial(y_1, y_2)} = \begin{pmatrix} \frac{\partial x_1}{\partial y_1} & \frac{\partial x_1}{\partial y_2} \\ \frac{\partial x_2}{\partial y_1} & \frac{\partial x_2}{\partial y_2} \end{pmatrix} \tag{4.28a}$$

を**ヤコビ行列**（ヤコビアン）といい，その行列式は

$$\det J = \left| \frac{\partial(x_1, x_2)}{\partial(y_1, y_2)} \right| = \frac{\partial x_1}{\partial y_1} \frac{\partial x_2}{\partial y_2} - \frac{\partial x_1}{\partial y_2} \frac{\partial x_2}{\partial y_1} \tag{4.28b}$$

となる．こうして面積要素の変換

$$\mathrm{d}x_1\mathrm{d}x_2 = |\det J|\mathrm{d}y_1\mathrm{d}y_2 \tag{4.29}$$

が得られる．行列式 $\det J$ は面積要素 $\mathrm{d}x_1\mathrm{d}x_2$ と $\mathrm{d}y_1\mathrm{d}y_2$ の比である．これにより

$$\iint \mathrm{d}x_1\mathrm{d}x_2 f(x_1,x_2) = \iint \mathrm{d}y_1\mathrm{d}y_2 |\det J| f(x_1(y_1,y_2), x_2(y_1,y_2)) \tag{4.30}$$

を得る．

4.4.2 変数変換の例といくつかの統計分布

以上の準備のもとで，確率変数の変換を行おう．

ここでは，正規分布に関連した3つの重要な分布について述べよう．これらは第7章で述べる検定にかかわることであるので，その場合には結果だけを使えばよい．

(a) χ^2 分布

確率変数 X は標準正規分布に従うとする．ここで新たに変数変換 $Y = X^2$ を考える．これはたとえば分散の分布がどうなるかを考えることに対応する．

$y = x^2 (x = y^{1/2})$ とすると $\mathrm{d}x/\mathrm{d}y = (1/2)y^{-1/2}$ であるから

$$\mathrm{d}x = \frac{1}{2}y^{-1/2}\mathrm{d}y \tag{4.31}$$

である．一方，確率変数 Y の確率密度関数 $g(y)$ $(y \geq 0)$ と $N(0,1)$ の確率密度関数 $f(x) = 1/\sqrt{2\pi}\exp(-x^2/2)$ $(-\infty < x < \infty)$ の関係は

$$\int_0^a g(y)\mathrm{d}y = \int_{-\sqrt{a}}^{\sqrt{a}} f(x)\mathrm{d}x = 2\int_0^{\sqrt{a}} f(x)\mathrm{d}x \tag{4.32}$$

でなくてはならないから

$$g(y)\mathrm{d}y = 2f(x)\mathrm{d}x = \frac{1}{\sqrt{2\pi}} y^{-1/2} \exp(-\frac{y}{2})\mathrm{d}y$$

すなわち

$$g(y) = \frac{1}{\sqrt{2\pi}} y^{-1/2} \exp(-\frac{y}{2}) \ (y \geq 0) \tag{4.33}$$

を得る．これは式 (3.11) で $k=1$ とした場合の分布（χ^2 分布）となる．

X, Y は標準正規分布 $N(0,1)$ に従うとし，χ^2 分布 (4.33) に従う互いに独立な確率変数 X^2, Y^2 に対して $U = X^2 + Y^2$ はどのような分布に従うか考えてみよう．

$U = X^2 + Y^2$ の確率密度関数を導出しよう．変数変換

$$x = r\cos(\theta), \ \ y = r\sin(\theta) \ \ (r > 0, \ -\pi < \theta \leq \pi) \tag{4.34a}$$

を考える（r と θ に対応する確率変数は R, Θ）．この変数変換のヤコビ行列は

$$J = \frac{\partial(x,y)}{\partial(r,\theta)} = \begin{pmatrix} \frac{\partial x}{\partial r} & \frac{\partial x}{\partial \theta} \\ \frac{\partial y}{\partial r} & \frac{\partial y}{\partial \theta} \end{pmatrix} = \begin{pmatrix} \cos(\theta) & -r\sin(\theta) \\ \sin(\theta) & r\cos(\theta) \end{pmatrix} \tag{4.34b}$$

である．したがって

$$\det J = r \tag{4.34c}$$

を得る．

X と Y は独立であるので，それらの同時確率密度関数は X と Y の確率密度関数の積で表される：

$$\begin{aligned} f_{X,Y}(x,y) &= \frac{1}{\sqrt{2\pi}} \exp\left(-\frac{x^2}{2}\right) \cdot \frac{1}{\sqrt{2\pi}} \exp\left(-\frac{y^2}{2}\right) \\ &= \frac{1}{2\pi} \exp\left(-\frac{x^2+y^2}{2}\right). \end{aligned} \tag{4.35}$$

したがって R と Θ の同時確率密度関数は

$$f_{R,\Theta}(r,\theta) = \frac{1}{2\pi} \exp\left(-\frac{x^2+y^2}{2}\right) \times |\det J| = \frac{r}{2\pi} \exp\left(-\frac{r^2}{2}\right). \tag{4.36}$$

これを θ で積分すれば周辺確率密度関数 $f_R(r)$ が得られる：

$$f_R(r) = \int_0^{2\pi} d\theta f_{R,\Theta}(r,\theta) = r\exp\left(-\frac{r^2}{2}\right). \tag{4.37}$$

$Z = R^2$ と変数変換すればヤコビ行列式は式 (4.31) に倣い

$$\mathrm{d}r = \frac{1}{2}z^{-1/2}\mathrm{d}z$$

であるから

$$f_Z(z) = z^{1/2}\exp\left(-\frac{z}{2}\right) \times \frac{1}{2}z^{-1/2} = \frac{1}{2}\exp\left(-\frac{z}{2}\right) \tag{4.38}$$

を得る．これは $k=2$ のときの確率密度関数 (3.11) であり，<u>自由度 2 の χ^2 分布</u>である．「自由度 2」というのは，確率変数 X^2 と Y^2 の 2 つの値が独立に決まるからである．

これをさらに続けていけば，<u>一般の自由度の χ^2 分布</u>の確率密度関数が得られる．χ^2 分布の確率密度関数は図 3.4 に示した．

(b) F 分布

分布の分散がどのような統計に従うかを考える場合，χ^2 分布が重要であることがわかった．それでは複数の分布を比較する場合，どのような議論が可能か考えてみよう．

U_1 は自由度が d_1 である χ^2 分布に，U_2 は自由度が d_2 である χ^2 分布に従うとしよう．このとき

$$X = \frac{U_1/d_1}{U_2/d_2} \tag{4.39a}$$

の分布がどのようなものであるかを考える（3.2.6 項）．

U_1 と U_2 の変数を X ともう 1 つの変数に変換する．それを

$$Y = d_1 U_2 \tag{4.39b}$$

と選ぼう．U_1, U_2 を X, Y で表せば

$$U_1 = \frac{XY}{d_2}, \quad U_2 = \frac{Y}{d_1}. \tag{4.39c}$$

これから変数変換のヤコビ行列は

$$J = \frac{\partial(u_1, u_2)}{\partial(x, y)} = \begin{pmatrix} \frac{\partial u_1}{\partial x} & \frac{\partial u_1}{\partial y} \\ \frac{\partial u_2}{\partial x} & \frac{\partial u_2}{\partial y} \end{pmatrix} = \begin{pmatrix} x/d_2 & y/d_2 \\ 1/d_1 & 0 \end{pmatrix} \tag{4.40a}$$

である．したがってヤコビ行列式は

$$\det J = -\frac{y}{d_1 d_2} \tag{4.40b}$$

を得る．

U_1 と U_2 は，自由度がそれぞれ d_1, d_2 である独立な χ^2 分布であるから，これらの同時分布関数は

$$f_{U_1,U_2}(u_1,u_2) = \frac{1}{2^{d_1/2}\Gamma(d_1/2)} u_1^{d_1/2-1} \exp(-\frac{u_1}{2})$$
$$\times \frac{1}{2^{d_2/2}\Gamma(d_2/2)} u_1^{d_2/2-1} \exp(-\frac{u_2}{2}) \tag{4.41a}$$

である．これを X, Y に変換すると（ヤコビ行列式の絶対値を掛けて）

$$f_{X,Y}(x,y) = \frac{1}{2^{d_1/2}\Gamma(d_1/2)2^{d_2/2}\Gamma(d_2/2)} \left(\frac{1}{d_1}\right)^{d_2/2} \left(\frac{1}{d_2}\right)^{d_1/2}$$
$$\times x^{d_1/2-1} y^{d_1/2+d_2/2-1} \exp\left(-y\frac{d_2+d_1 y}{2d_1 d_2}\right) \tag{4.41b}$$

となる．これから周辺分布関数として

$$f_X(x) = \int_0^\infty dy\, f_{X,Y}(x,y)$$
$$= \frac{d_1^{(d_1/2)} d_2^{(d_2/2)}}{B(d_1/2, d_2/2)} \cdot \frac{x^{d_1/2-1}}{(d_1 x + d_2)^{(d_1+d_2)/2}} \tag{4.42}$$

を得る．これが F 分布の確率密度関数である（図 3.5）．

(c) t 分布

χ^2 分布，F 分布と並んで，t 分布も重要である．

標準正規分布 $N(0,1)$ に従う確率変数 X と自由度 n の χ^2 分布に従う確率変数 Y とからなる確率変数

$$T = \frac{X}{\sqrt{Y/n}} \tag{4.43}$$

の分布を考えよう．ここで X と Y とは互いに独立であるとする．これが t 分布といわれるものである．

確率変数の変換 $(X, Y) \to (T, U)$：

$$t = x/\sqrt{u/n}, \quad u = y \tag{4.44}$$

を行う．これに伴い，確率密度関数は

$$f_{T,U}(t,u) = f_{X,Y}(x(t,u), y(t,u))|\det J| \tag{4.45}$$

となる．変換のヤコビ行列 J は

$$J = \frac{\partial(x,y)}{\partial(t,u)} = \begin{pmatrix} \sqrt{u/n} & t/(2\sqrt{un}) \\ 0 & 1 \end{pmatrix} \tag{4.46}$$

であり，その行列式は

$$\det J = \sqrt{u/n}$$

となる．

X と Y それぞれの確率密度関数は $\frac{1}{\sqrt{2\pi}}e^{-x^2/2}$ および $f_Y(y; n)$ であり，それぞれが独立であることから

$$\begin{aligned}f_{T,U}(t,u) &= \frac{1}{\sqrt{2\pi}}e^{-t^2 u/(2n)} f_U(u; n)\sqrt{\frac{u}{n}} \\ &= \frac{1}{\sqrt{2\pi n}2^{n/2}\Gamma(n/2)}e^{-(t^2/n+1)u/2}u^{(n+1)/2-1}\end{aligned} \tag{4.47}$$

を得る．ここで $f_Y(y, n)$ は自由度 n の χ^2 分布の確率密度関数 (3.11) である．これを u について積分し周辺確率密度関数 $f_T(t, n)$ を計算すれば

$$\begin{aligned}f_T(t,n) &= \int_0^\infty \mathrm{d}u f_{T,U}(t,u) \\ &= \frac{1}{\sqrt{2\pi n}2^{n/2}\Gamma(n/2)} \int_0^\infty \mathrm{d}u e^{-(t^2/n+1)u/2} u^{(n+1)/2-1} \\ &= \frac{2^{(n+1)/2}}{\sqrt{2\pi n}2^{n/2}\Gamma(n/2)} \frac{1}{(t^2/n+1)^{(n+1)/2}} \int_0^\infty \mathrm{d}w e^{-w} w^{(n+1)/2-1}\end{aligned}$$

となる．ただし変数変換 $w = (t^2/n+1)u/2$ を行った．積分は Γ 関数 $\Gamma(z) = \int_0^\infty \mathrm{d}t e^{-t} t^{z-1}$ であるので，

$$f_T(t,n) = \frac{\Gamma((n+1)/2)}{\sqrt{\pi n} \cdot \Gamma(n/2)} \cdot \frac{1}{(t^2/n+1)^{(n+1)/2}} \tag{4.48}$$

を得る．これは 3.2.7 項の式 (3.16) で定義した自由度 n の t 分布の確率密度関数 $f(t,n)$ である．t 分布の確率密度関数は図 3.6 に示した．n の小さいところでは分布の裾は広がり，$n=1$ では t 分布はコーシー分布（表 3.1）となる．

第5章 最小2乗法と主成分分析

データ量が膨大であるとき，それらの全体から単一の原因によって特徴を説明することは難しい．互いに独立の（相関がない）少数の変数により，データ全体の特徴がよく記述されることが望ましい．このような性質を持つ変数を主成分と呼び，主成分を探す方法が主成分分析である．

5.1 最小2乗法

5.1.1 データの散布図

2.1節では，文部科学省　全国学力・学習状況調査　パブリックユースデータである「中学校データ」1404609_2_1.xlsx をテストデータとして，データの特徴をどう理解するかを考えた．本章では，同じデータについて，より進んだ解析を行う．

まず散布図を描くスクリプトを示す．

```
──────── MATLAB データの散布図 1 ────
[ds,txt]=xlsread('1404609_2_1.xlsx')
scatter(ds(1:200,6),ds(1:200,8));hold on
xlabel('国語 A','FontSize',15);
ylabel('数学 A','FontSize',15);hold off
```

- scatter(x,y) はベクトル (x,y) で指定された点に小円を描き，散布図を作る．

データは男子生徒，女子生徒を区別する印（男子1, 女子2）が第4列にあるのでそれを区別したい場合には，スクリプトでは scatter に代えて，gscatter を使う．

―――――――――――――――――――――― MATLAB データの散布図 1 ―
```
gscatter(ds(1:200,6),ds(1:200,8),ds(1:200,4),'kr','o^',6,'off')
```

- `gscatter(……)` により，横軸に ds(1:200,6)，縦軸に ds(1:200,8) の値をとりデータ散布図を作る．各点は ds(1:200,4) の値に従い，マーカー（黒 (k) ○）と（赤 (r) △）を用いてグループ分けする．6 はマーカーサイズを示す．on または off により凡例をグラフに含めるか含めないかを区別するが，ここでは legend コマンドで別に凡例を示すので，off とした．

これを各科目ごとに描いてもよいのだが，MATLAB には複数の散布図を一度に描くことができるコマンドが用意されているのでそちらを使い，次のスクリプトを用意する．

―――――――――――――――――――――― MATLAB データの散布図 2 ―
```
dsp=ds(:,6:10);
varNames='国語 A'; '国語 B'; '数学 A'; '数学 B'; '理科';
gplotmatrix(dsp,[],ds(:,4),'kr','o^',3);
% plotmatrix(dsp);
text([0.09 0.27 0.45 0.67 0.89], repmat(-0.1,1,5), varNames, …
  'FontSize',10);
text(repmat(-0.07,1,5), [0.85 0.65 0.45 0.25 0.06], varNames, …
  'FontSize',10,'Rotation',90);hold off
```

- `plotmatrix` あるいは `gplotmatrix` により散布図を行列の形に配置する．3 はマーカーサイズ．

- 縦横軸の科目名は text コマンドを用いて記入している．text コマンドの詳細は 2.1.2 項で述べた．

結果を図 5.1 に示す．このようにすれば，データの性質を図から読み取ることができる．もう少しこれらを定量的に理解し，それぞれの性質の間の相関をより容易に表現することを考えよう．

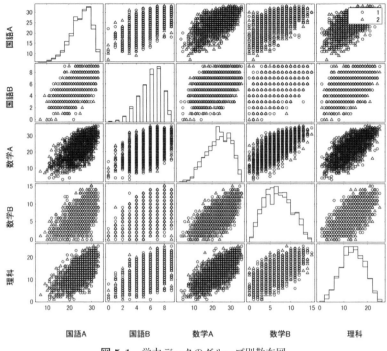

図 5.1 学力データのグループ別散布図.

5.1.2 最小 2 乗法

(a) 最小 2 乗法の概要

実変数 x_k に対して値が y_k $(k=1,2,\cdots,N)$ であるデータが与えられたとしよう.このデータを整理するモデル,すなわち x_k と y_k の間の関係を表す $y=f(x)$ を求めたい.

データ (x_k, y_k) とその理論値(近似値)$y=f(x)$ が与えられるとき,標本数(サンプル数)を N として,その誤差の分散(平均 2 乗誤差)は

$$J = \frac{1}{N}\sum_{j=1}^{N} |f(x_j) - y_j|^2 \tag{5.1}$$

である.平均 2 乗誤差(データの分散)を最小にする近似を最小 2 乗法(最小誤差近似)という.最小 2 乗法については第 9 章でも議論する.

(b) 1変数の場合：単回帰分析

近似関数として 1 次式

$$f(x) = ax + b \tag{5.2}$$

を仮定すれば，誤差の分散は

$$J = \frac{1}{N} \sum_{j=1}^{N} \left| (ax_j + b) - y_j \right|^2$$

である．これを最小にするため，a, b でそれぞれを偏微分して 0 とおき

$$\frac{1}{2} \frac{\partial J}{\partial a} = \sum_j (ax_j^2 + bx_j - x_j y_j) = a \sum x_i^2 + b \sum x_j - \sum x_j y_j = 0,$$

$$\frac{1}{2} \frac{\partial J}{\partial b} = \sum_j (ax_j + b - y_j) = a \sum x_j + b \sum 1 - \sum y_j = 0$$

を得る．少し整理すれば連立方程式は

$$\begin{pmatrix} \boldsymbol{x}^T \boldsymbol{x} & \boldsymbol{x}^T \boldsymbol{u} \\ \boldsymbol{x}^T \boldsymbol{u} & \boldsymbol{u}^T \boldsymbol{u} \end{pmatrix} \begin{pmatrix} a \\ b \end{pmatrix} = \begin{pmatrix} \boldsymbol{x}^T \boldsymbol{y} \\ \boldsymbol{u}^T \boldsymbol{y} \end{pmatrix} \tag{5.3}$$

となる．ただし

$$\boldsymbol{x} = \begin{pmatrix} x_1 \\ \vdots \\ x_N \end{pmatrix}, \quad \boldsymbol{y} = \begin{pmatrix} y_1 \\ \vdots \\ y_N \end{pmatrix}, \quad \boldsymbol{u} = \begin{pmatrix} 1 \\ \vdots \\ 1 \end{pmatrix}$$

とする．これを解いて a, b が決まる．行列の各要素を具体的に計算すれば

$$\boldsymbol{u}^T \boldsymbol{x} = \boldsymbol{x}^T \boldsymbol{u} = \sum x_i = N\overline{x}, \quad \boldsymbol{u}^T \boldsymbol{y} = \boldsymbol{y}^T \boldsymbol{u} = \sum y_i = N\overline{y},$$

$$\boldsymbol{x}^T \boldsymbol{x} = \sum x_i^2 \equiv N(V[x] + \overline{x}^2) = N(\sigma_{xx} + \overline{x}^2),$$

$$\boldsymbol{x}^T \boldsymbol{y} = \sum x_i y_i \equiv N(\sigma_{xy} + \overline{x}\,\overline{y}) = N(\sigma_{yx} + \overline{x}\,\overline{y}),$$

$$\boldsymbol{u}^T \boldsymbol{u} = N.$$

ただし共分散を $\sigma_{xx} = \frac{1}{N}\sum_{i=1}^{N}(x_i - \overline{x})^2$, $\sigma_{xy} = \frac{1}{N}\sum_{i=1}^{N}(x_i - \overline{x})(y_i - \overline{y})$ と書いた。$\boldsymbol{x}^T\boldsymbol{x} \cdot \boldsymbol{u}^T\boldsymbol{u} - (\boldsymbol{x}^T\boldsymbol{u})^2 = N^2\sigma_{xx}$ であるから，次の結果を得る：

$$\begin{pmatrix} a \\ b \end{pmatrix} = \frac{1}{N^2\sigma_{xx}} \begin{pmatrix} N & -N\overline{x} \\ -N\overline{x} & N(\sigma_{xx} + \overline{x}^2) \end{pmatrix} \begin{pmatrix} N(\sigma_{yx} + \overline{x}\,\overline{y}) \\ N\overline{y} \end{pmatrix}$$
$$= \begin{pmatrix} \sigma_{yx}/\sigma_{xx} \\ \overline{y} - a\overline{x} \end{pmatrix}. \tag{5.4}$$

最小2乗誤差を与える直線を**回帰直線**といい，この手法を**単回帰分析**（simple regression analysis）と呼ぶ[1]．x を説明変数，y を目的変数という．

散布図から回帰直線を求める例題

前の例，図 5.1 で国語 A と数学 A の散布図をみてみよう．散布図は正の相関（国語 A（数学 A）の得点が高い生徒は数学 A（国語 A）の得点も高い）がある．それではこの傾向に男女差はあるのだろうか．

---

[1]「回帰（regression）」という名称は，チャールズ・ダーウィン（Charles Robert Darwin, 1809-1882）の従弟で人類学者，統計学者であったフランシス・ゴルトン（Francis.Galton, 1822-1911）による．ゴルトンは背の高い人の子孫は必ずしも背が高いという形質を引き継がず，世代を重ねるにしたがって平均へ回帰する（regress=後戻りする）傾向があることを見出した．後に，ここで用いられた最小2乗法を用いた統計解析手法を回帰分析（regression analysis）と呼ぶようになった．

5.1 最小2乗法　89

────── MATLAB データの散布図と回帰直線 ──────

```
ds=xlsread('1404609_2_1.xlsx');
row1=find(ds(:,4)==1);
ds1=ds(row1,:);
scatter(ds1(:,6),ds1(:,8),'ko');hold on
row2=find(ds(:,4)==2);
ds2=ds(row2,:);
scatter(ds2(:,6),ds2(:,8),'kx');hold on
mean(ds1(:,6:10))
    ans = 24.8240    5.8620   23.0430    6.4840   13.3030
std(ds1(:,6:10))
    ans =  4.5585    1.7152    6.3865    3.1997    4.6451
mean(ds2(:,6:10))
    ans = 24.7530    5.9130   22.8550    6.5260   13.3030
std(ds2(:,6:10))
    ans =  4.6987    1.7795    6.6133    3.2130    4.8094
coe1=polyfit(ds1(:,6),ds1(:,8),1)
    coe1 = 0.9403   -0.2988
coe2=polyfit(ds2(:,6),ds2(:,8),1)
    coe2 = 0.9573   -0.8399
x=5:0.1:35;
y1=polyval(coe1,x);
plot(x,y1,'-k'); hold on
y2=polyval(coe2,x);
plot(x,y2,'--k');hold on
xlabel('国語 A','FontSize',12);ylabel('数学 A','FontSize',12);
legend('1 (男子)','2 (女子)','回帰直線 1','回帰直線 2','FontSize',12,
'Location','northwest')
```

- find(ds(:,4)==1) でデータ ds の 4 列目（男女のフラグ 1, 2）で，1 がある行番号を見つける．

- ds1, ds2 のデータについて 6-10 列目の平均値，標準偏差を計算．これから平均値，標準偏差とも男女に大きな差はないことがわかる．

- 回帰直線の係数を男女別に計算し，回帰直線を図に描き加える．polyfit は近似多項式の係数を計算．最後の引数を 1 とすれば 1 次式．

- polyval は近似多項式の値を x の各点で計算．plot に引き継ぐ．

結果（図 5.2）をみれば，分布，2 つの回帰直線ともほぼ重なり，男女で差

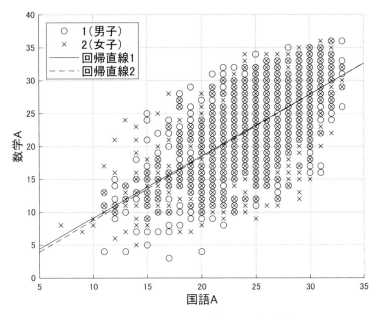

図 5.2 学力データのグループ別散布図. 1（○印）は男子, 2（×印）は女子.

がないことがわかる．サンプル点 (x_i, y_i), $x_1 \leq x_2 \leq \cdots \leq x_n$ に対して直線の方程式が $y(x) = a_0 + a_1 x$ であれば，`coe = polyfit(x,y,1)` の結果は係数の並び $coe = (a_1, a_0)$ を返す．

(c) 多変数の場合：重回帰分析

5.1.2 項 (b) で使った手法を，変数が複数ある場合 $(x^{(1)}, x^{(2)}, \cdots, x^{(m)})$ に拡張することもできる．これを（多）重回帰分析（multiple regression analysis）という．ここで用いる表現は式 (5.2) に代えて

$$y = a^{(0)} + x^{(1)} a^{(1)} + \cdots + x^{(m)} a^{(m)} = \boldsymbol{x} \boldsymbol{a} \tag{5.5}$$

と書き，まったく同様の手続きを実行する．ここで

$$\boldsymbol{x} = (1, x^{(1)}, x^{(2)}, \cdots, x^{(m)}), \quad \boldsymbol{a} = (a^{(0)}, a^{(1)}, a^{(2)}, \cdots, a^{(m)})^T$$

とする．標本点が $\boldsymbol{x}_1, \cdots, \boldsymbol{x}_n$ の n 個であるとし，近似の誤差

$$L = \sum_{i=1}^{n}\{\boldsymbol{x}_i\boldsymbol{a} - y_i\}^2 \tag{5.6}$$

を最小にするように $\boldsymbol{a}$ の各要素 $b, a^{(1)}, \cdots, a^{(n)}$ を決める.

$$\boldsymbol{y} = \begin{pmatrix} y_1 \\ y_2 \\ \vdots \\ y_n \end{pmatrix}, \ M = \begin{pmatrix} \boldsymbol{x}_1 \\ \boldsymbol{x}_2 \\ \vdots \\ \boldsymbol{x}_n \end{pmatrix} = \begin{pmatrix} 1 & x_1^{(1)} & \cdots & x_1^{(m)} \\ 1 & x_2^{(1)} & \cdots & x_2^{(m)} \\ & \vdots & & \vdots \\ 1 & x_n^{(1)} & \cdots & x_n^{(m)} \end{pmatrix} \tag{5.7}$$

とおくと

$$M\boldsymbol{a} = \begin{pmatrix} a^{(0)} + x_1^{(1)}a^{(1)} + \cdots + x_1^{(m)}a^{(m)} \\ a^{(0)} + x_2^{(1)}a^{(1)} + \cdots + x_2^{(m)}a^{(m)} \\ \vdots \\ a^{(0)} + x_n^{(1)}a^{(1)} + \cdots + x_n^{(m)}a^{(m)} \end{pmatrix} = \begin{pmatrix} \boldsymbol{x}_1\boldsymbol{a} \\ \boldsymbol{x}_2\boldsymbol{a} \\ \vdots \\ \boldsymbol{x}_n\boldsymbol{a} \end{pmatrix}$$

は，各 x_i に対する近似値 $y(x_i)$ を縦に並べたものである．これから

$$L = (M\boldsymbol{a} - \boldsymbol{y})^T(M\boldsymbol{a} - \boldsymbol{y}) \tag{5.8a}$$

となる．これを $\boldsymbol{a}$ の各成分で微分して

$$M^T M \boldsymbol{a} = M^T \boldsymbol{y} \tag{5.8b}$$

を得る．$M^T M$ を**グラム行列**という[2]．

この連立方程式を解き，$\boldsymbol{a}$ を求める．グラム行列が正則であれば，すなわち逆行列が存在すれば，$\boldsymbol{a}$ は次のようになる：

$$\boldsymbol{a} = (M^T M)^{-1} M^T \boldsymbol{y}. \tag{5.8c}$$

以下で MathWorks 社提供の車の燃費に関するデータ carsmall を利用して重回帰分析を行ってみよう．

---

[2] ベクトル $\{\boldsymbol{u}_j\}$ の内積 $\boldsymbol{u}_i^T \boldsymbol{u}_j$ を (i,j) 要素とする行列をグラム行列と呼ぶ．

―――― MATLAB 重回帰分析 ――――

```
figure
load carsmall
whos -file carsmall
```

Name	Size	Bytes	Class	Attributes
⋮				
Horsepower	100x1	800	double	
⋮				

```
x1=Weight; % 重量
x2=Horsepower; % 馬力
y=MPG; % マイル/ガロン
Z=[x1 x2 y];
sum(isnan(Z))
```
  ans = 0 1 6
```
Z=rmmissing(Z);
x1=Z(:,1);
x2=Z(:,2);
y=Z(:,3);
x1_av=mean(x1);
x2_av=mean(x2);
y_av=mean(y);
M=[ones(size(x1)) x1/x1_av x2/x2_av];
a=regress(y/y_av,M)
```
  a = 2.0134
    -0.8197
    -0.1936
```
scatter3(x1/x1_av,x2/x2_av,y/y_av,'filled','k'); hold on
[x1fit,x2fit]=meshgrid(0:0.1:2);
YFIT=a(1)+a(2)*x1fit+a(3)*x2fit;
mesh(x1fit,x2fit,YFIT,'FaceColor','none','EdgeColor','black');
xlabel('重量/平均重量 ');ylabel('馬力/平均馬力 ');
zlabel('単位燃料当たりの走行距離　MPG/平均MPG'); view(50,10);
```

- MathWorks 社提供 carsmall ファイルをダウンロードし，whos -file carsmall によりファイル内の変数の一覧を表示する．これをみて従属変数 $x1, x2$ および目的変数 y を決め，次に進む．

- データの中に数値ではないもの（NaN）が含まれているかどうかをチェックする．isnan を行うと数値のところは 0，NaN があるところに

は 1 が入った同じ大きさの行列が与えられる．rmmissing で NaN を含む行が削除される．各データをそれぞれの平均値で規格化．この平均値を得る作業のため，NaN の有無を判断し，あれば削除する．

- ones(n) は $n \times n$ の要素がすべて 1 である行列．ones(size(x1)) は（縦）ベクトル $x1$ と同じサイズで，要素がすべて 1 である縦ベクトル．

- a=regress(y,X) により，従属変数（目的変数）y に対する説明変数（行列 X）の係数を返す．ここで regress を用いないで，a=inv(M'*M)*M'*y/y_av としても同じ結果が得られる．regress は NaN があっても実行される．

- YFIT によりデータが近似的に乗っている平面が得られ，mesh(x,y,z) により，メッシュ状の 3 次元曲面 (x,y,z) を表示する（図 5.3）．

係数 a の値が求められたので，車の重量（$x1$）と馬力（$x2$）を与えてその車の燃費 y を予測することが可能である．図 5.3 または係数の値 a により，（ガソリン）車の燃費には，車の重量がより重要であることがわかる．

(d) 多項式を近似関数とした場合

与えられた n 個のデータ点の座標が $(x_1, y_1), (x_2, y_2), \cdots, (x_n, y_n)$ であるとする．このときデータ (x, y) を m 次多項式

$$y = a_0 + a_1 x + a_2 x^2 + \cdots + a_m x^m = \boldsymbol{x}\boldsymbol{a} \tag{5.9}$$

と表すことを考える．ここで

$$\boldsymbol{x} = (1, x^1, \cdots, x^m), \quad \boldsymbol{a} = (a_0, a_1, \cdots, a_m)^T \tag{5.10}$$

とする．

1 次式（重回帰分析）のときと同様に，近似の誤差

$$L = \sum_{i=1}^{n} \{(a_0 + a_1 x_i + \cdots + a_m x_i^m) - y_i\}^2 = \sum_{i=1}^{n} (\boldsymbol{x}_i \boldsymbol{a} - y_i)^2 \tag{5.11}$$

を最小にするように $a_0, a_1, \cdots$ を決める．以上の定式化は 5.1.2 項 (c) で定

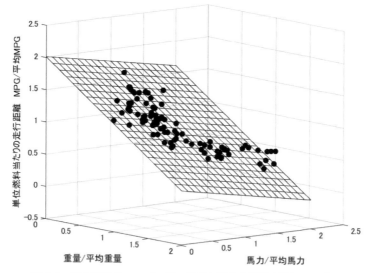

図 5.3 車の燃費について,車の重量と馬力を説明変数として重回帰分析を実行.

義した x, a について

$$x = (1, x^{(1)}, x^{(2)}, \cdots, x^{(m)}) \to (1, x^1, \cdots, x^m),$$
$$a = (a^{(0)}, a^{(1)}, a^{(2)}, \cdots, a^{(m)})^T \to (a_0, a_1, \cdots, a_m)^T$$

と読み替えればよい.以降はまったく同じ議論となる(省略).

MATLAB の `polyfit` というルーチンは 1 次方程式だけではなく,一般の多項式に対しても利用できる.

例:ばらついた点を近似的に結ぶ多項式を求める ここでは $y = \sin(c.*x) + \exp(x/4)$, $c = 1.2$ の周りに等間隔で標準偏差 0.7 の正規分布に従ってばらつく 50 点を近似的に表す近似多項式を求めることにしよう.次頁にスクリプトを,図 5.4 に結果を示す.

———————————————————————— MATLAB 多項式を用いた最小 2 乗法 ─

```
rng(1,'twister');
N=50;
x(:)=sort(0+(3*pi-0)*rand(N,1));
r(:)=0.7*randn(N,1);
y=sin(1.2*x)+exp(x/4)+r;
p=polyfit(x,y,6);
x1=linspace(0,3*pi);
y1=polyval(p,x1);
plot(x1,y1,'-','LineWidth',1.5);hold on
x0=0:0.1:3*pi;
y0=sin(1.2.*x0)+exp(x0/4);
plot(x,y,'ok','LineWidth',1,'MarkerSize',1.5);grid on;hold off
```

- `randn(N,1)` は標準正規分布に従う乱数を $N \times 1$ の行列の形で返す. `rand(N,1)` は $[0,1]$ の一様分布に従う乱数を $N \times 1$ の行列の形で返す.

- `sort` で ( ) 内の乱数を大きい順にソート.

- `linspace(0,3*pi)` は $[0, 3\pi]$ に端を含めて等間隔に 100 点を配置,その値を与える.

- `p = polyfit(xi,yi,6)` は与えられたデータ列 xi で $y(xi)$ である関数を 6 次多項式で近似し,その係数を p に収める.任意の点 x におけるその近似多項式の値 y を `y = polyval(p,x)` により計算する.

最適多項式の最適次数については 9.4.2 項 (a) の最尤法で議論する.

データ点の少ないときに多項式近似を高次まで進めると,近似関数(曲線)に合わせようとした点以外のところで,大きな振動が現れる.このような現象を**過学習**(overtraining)あるいは**過適合**(overfitting)といい,「機械学習」などでもしばしば現れる.過学習を抑えるために**正則化**(regularization)という手法がある.

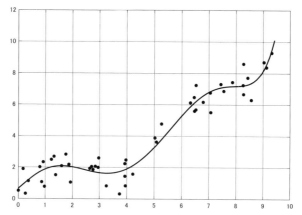

図 5.4 $y = \sin(1.2x) + \exp(x/4)$ の周りに振りまいた点（黒丸）から作った 6 次式近似曲線．

小惑星ケレスとガウスと最小 2 乗法

1801 年 1 月 1 日にパレルモ（Palermo）天文台のピアッツィ（Giuseppe Piazzi, 1746-1826）によって，準惑星ケレス（Ceres）が発見された．ケレスの追跡は 2 月 11 日まで続けられたがそのあと見失ってしまった．ガウスは軌道を計算（このときどのような方法で計算したかは明らかではないようだが），予測し，12 月 7 日に予測どおりの位置にケレスを再発見した．

その後ガウスは最小 2 乗法を用いて，軌道を精密に計算した．一方，1805 年にルジャンドル（Adrien-Marie Legendre, 1752-1833）が最小 2 乗法を発表．1809 年にガウスも「天体運行論」の中で最小 2 乗法の原理となぜ 2 乗でなくてはいけないのかを説明し，自身は 1795 年にこれを発見したと述べている．ガウスはさらに重回帰分析における最良近似に関するガウス-マルコフの定理を 1823 年に発表している．
E.G.Forbes, *Journal for the History of Astronomy*, **2**(3), 195-199 (1971).

5.2 主成分分析

最小 2 乗法は誤差の最小化という形で連立方程式，あるいは線形代数の形式で取り扱われた．**主成分分析**（principal component analysis）も，線形代数の形式で扱うと便利である．具体的な取り扱いに入る前に，少し形式を整えよう．

5.2.1 データの標準化

N 個のサンプルについてそれぞれ P 個の変数を持つデータ群が与えられているとする．サンプル $i(i=1,\cdots,N)$ についての生のデータを $\{t_{i\alpha}\}(\alpha=1,\cdots,P)$ と書く．このデータを，N 行 P 列の表にまとめたものが次のようになっているとしよう：

サンプル番号	変数番号			
	1	2	$\cdots$	P
1	t_{11}	t_{12}	$\cdots$	t_{1P}
2	t_{21}	t_{22}	$\cdots$	t_{2P}
$\vdots$	$\vdots$	$\vdots$	$\cdots$	$\vdots$
N	t_{N1}	t_{N2}	$\cdots$	t_{NP}

一般にこれら P 個の変数はそれぞれ異なる量でまた単位（次元）も異なり，したがって値の大きさやそのばらつきの量も異なる．これに対しては一般にデータの**標準化**が行われる．標準化とは，たとえばデータの中心を 0 と定め，値をそれぞれの標準偏差で規格化することである．生データの平均値，分散は

$$\bar{t}_s = \frac{1}{N}\sum_{m=1}^{N} t_{ms}, \tag{5.12a}$$

$$\sigma_{t_s}^2 = \frac{1}{N-1}\sum_{m=1}^{N}(t_{ms}-\bar{t}_s)^2 \quad (s=1,\cdots,P) \tag{5.12b}$$

であり，それを標準化したデータは

$$x_{ns} = \frac{t_{ns} - \bar{t}_s}{\sigma_{t_s}} \tag{5.13}$$

と定義される．標準化されたデータの各要素 x_{mi} についての平均と分散は次のようになる：

$$\frac{1}{N}\sum_{m=1}^{N} x_{ms} = 0, \quad \frac{1}{N-1}\sum_{m=1}^{N} x_{ms}^2 = 1.$$

5.2.2 共分散行列

共分散を各要素とする行列を**共分散行列**と呼ぶ．標準化されたデータから計算される共分散

$$\sigma_{x_{s_1} x_{s_2}} = \frac{1}{N-1}\sum_{m=1}^{N} x_{ms_1} x_{ms_2} \tag{5.14a}$$

より作った $P \times P$ 共分散行列は

$$Q = \frac{1}{N-1} X^T X = \begin{pmatrix} 1 & \sigma_{x_1 x_2} & \cdots & \sigma_{x_1 x_P} \\ \sigma_{x_2 x_1} & 1 & \cdots & \sigma_{x_2 x_P} \\ \vdots & \vdots & \ddots & \vdots \\ \sigma_{x_P x_1} & \sigma_{x_P x_2} & \cdots & 1 \end{pmatrix} \tag{5.14b}$$

となる．これはデータが構成するベクトル $\boldsymbol{x}_j = (x_{1j}, \cdots, x_{Nj})$ の内積を各成分として作られるグラム行列である．定義からわかるように，<u>標準化したデータの共分散は相関係数と一致する</u>．これも標準化の利点である．

5.2.3 共分散行列の固有空間分解

正規直交行列

$$V = (\boldsymbol{v}_1, \boldsymbol{v}_2, \cdots, \boldsymbol{v}_P) = \begin{pmatrix} v_{11} & v_{12} & \cdots & v_{1P} \\ v_{21} & v_{22} & \cdots & v_{2P} \\ \vdots & \vdots & \ddots & \vdots \\ v_{P1} & v_{P2} & \cdots & v_{PP} \end{pmatrix} \tag{5.15a}$$

を用いて

$$Z = XV, \quad (Z)_{m\alpha} = (XV)_{m\alpha} = \sum_{\beta=1}^{P} x_{m,\beta} v_{\beta,\alpha} \tag{5.15b}$$

という変換を行おう．これは各データを特徴付ける $1,\cdots,P$ の変数の線形結合で新しい変数を定義したことになる．

ここで V を

$$V^T Q V = V^T \frac{X^T X}{N-1} V = \begin{pmatrix} \sigma_1^2 & 0 & \cdots & 0 \\ 0 & \sigma_2^2 & \cdots & 0 \\ \vdots & \vdots & \ddots & \vdots \\ 0 & 0 & \cdots & \sigma_P^2 \end{pmatrix} = \Sigma \tag{5.15c}$$

を満たすように決めるとすれば

$$QV = V\Sigma, \quad Q\bm{v}_\alpha = \sigma_\alpha^2 \bm{v}_\alpha \tag{5.15d}$$

となる．変換行列 V は正規直交行列であり

$$V = (\bm{v}_1, \bm{v}_2, \cdots, \bm{v}_P) \tag{5.15e}$$

である．また Q の対格成分の和が P であるので，$\sum_{\alpha=1}^{P} \sigma_\alpha^2 = P$ が成り立たなければならない．このように行列 Q の固有値 σ_i^2 および固有ベクトル $\bm{v}_i$ を求める問題を**固有値問題**と呼ぶ．

5.2.4　主成分と主成分分析の目的

固有値 $\{\lambda_\alpha^2\}$ を大きな順に

$$\lambda_1 \geq \lambda_2 \geq \cdots \geq \lambda_P > 0$$

と並べておこう．これは「特徴」を再定義（変数変換，対角化）し，<u>データのばらつき（分散）の大きい順</u>に名前付けし直したことになる．このとき $(\lambda_\alpha, \bm{v}_\alpha)$ を**第 α 主成分**という．分散の大きい方が，その変数がデータの性質により大きな要因となっていることを示しているからである．

実際には，$X^T X$ が特異あるいはきわめて特異に近いこと，すなわち λ_j

が0または0にきわめて近いものを含む場合があるので行列 Q の対角化には注意が必要である．逆にいえばそのようなときに，すべての固有値が必要ではなく，より少ない変数（主成分）でデータの本質をとらえられると期待できる．

5.2.5　MATLAB による主成分分析の実際

元データ各列に関し平均値と分散を計算し，標準化を実行

　元のデータファイル ds の 6-10 行目を切り出した dsp から，標準化されたデータ X と各特性に関する平均値および分散値を計算するコマンド zscore が MATLAB では用意されている．dsp の行は各サンプル（生徒），5 個の列は変数（国語 A，国語 B，数学 A，数学 B，理科）．

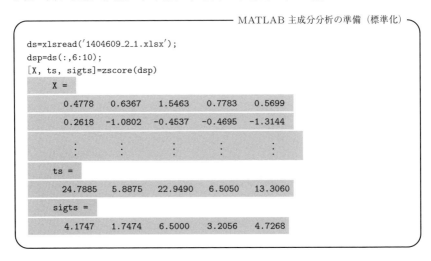

MATLAB 主成分分析の準備（標準化）

```
ds=xlsread('1404609_2_1.xlsx');
dsp=ds(:,6:10);
[X, ts, sigts]=zscore(dsp)
   X =
       0.4778    0.6367    1.5463    0.7783    0.5699
       0.2618   -1.0802   -0.4537   -0.4695   -1.3144
         :        :        :        :        :
   ts =
      24.7885    5.8875   22.9490    6.5050   13.3060
   sigts =
       4.1747    1.7474    6.5000    3.2056    4.7268
```

- zscore により，元データ行列 dsp の各列ベクトル成分に関する平均値 ts と標準偏差 sigts，データ行列 X を計算．各行が各個人に対応．

共分散行列を求め，その固有空間分解を実行

　次の量を計算する：

(1) $Q = X' * X / 1999$：X の共分散行列（ここでは $N = 2000$）

(2) σ^2 と V：共分散行列の固有値および固有ベクトル（各列成分）

―――――――――― MATLAB 共分散行列と固有空間分解 1 ――――――――――
```
Q=X'*X/1999
   Q =
     1.0000    0.5866    0.6758    0.6002    0.6476
     0.5866    1.0000    0.5123    0.4709    0.5179
     0.6758    0.5123    1.0000    0.7182    0.7265
     0.6002    0.4709    0.7182    1.0000    0.7021
     0.6476    0.5179    0.7265    0.7021    1.0000
[V sigma2]=eig(Q)
   V =
     0.4523   -0.1913    0.8045    0.1851    0.2780
     0.3883   -0.8300   -0.3940    0.0119   -0.0706
     0.4718    0.2565    0.0762    0.0414   -0.8391
     0.4525    0.3888   -0.4207    0.5787    0.3636
     0.4662    0.2399   -0.1212   -0.7931    0.2853
   sigma2 =
     3.4763         0         0         0         0
          0    0.6066         0         0         0
          0         0    0.3653         0         0
          0         0         0    0.2908         0
          0         0         0         0    0.2610
```

これらをまとめると

$$\text{第 1 主成分} = 0.4523 \times \text{国語 A} + 0.3883 \times \text{国語 B}$$
$$+ 0.4718 \times \text{数学 A} + 0.4525 \times \text{数学 B} + 0.4662 \times \text{理科}$$
$$\text{第 2 主成分} = -0.1913 \times \text{国語 A} - 0.8300 \times \text{国語 B}$$
$$+ 0.2565 \times \text{数学 A} + 0.3888 \times \text{数学 B} + 0.2399 \times \text{理科}$$

である.$Z = X * V$ は各生徒の主成分構成で眺めた成績になる.

固有値はそれぞれの主成分が性質の特徴づけにどの程度寄与するかの目安となる.

────────────── MATLAB　共分散行列と固有空間分解 2 ──────────────

```
sigma2/trace(sigma2)
    ans =
    0.6953         0         0         0         0
         0    0.1213         0         0         0
         0         0    0.0731         0         0
         0         0         0    0.0582         0
         0         0         0         0    0.0522
```

この結果から，統計の性質はほぼ（70%）第 1 主成分で尽くされているといえる．第 1 主成分は得られた係数の値から，（標準化した）成績の平均値，すなわち「総合学力」であると考えられる．

コマンド pca は**特異値分解**（singular value decomposition）により主成分分析を行う[3]．

────────────── MATLAB　共分散行列と固有空間分解 3 ──────────────

```
[V, score, PC]=pca(X)
```

V は主成分係数「共分散行列と固有空間分解 1」の固有ベクトル（変換行列）V と同一，score は $X*V$ と同一で，サンプルごとの主成分スコアである．PC は σ^2 が第 1 主成分から順に並ぶ．

主成分から生徒の成績をみる

各生徒の主成分構成 $Z = XV$ から成績についてヒストグラムをみる．

[3) 特異値分解と主成分分析については，藤原毅夫，藤堂眞治『データ科学のための微分積分・線形代数』（東京大学出版会，2021）を参照．

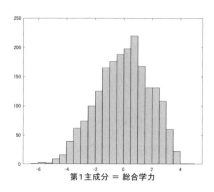 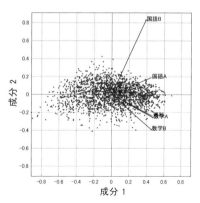

図 5.5 左：第1主成分のヒストグラム，右：2次元バイプロット図．

```
─────────────────────── MATLAB 共分散行列と固有空間分解 4 ─
Z=X*V;
histogram(Z(:,1))
xlabel('第 1 主成分 = 総合学力')
vbls='国語 A','国語 B','数学 A','数学 B','理科';
biplot(V(:,1:2),'Scores',Z(:,1:2),'Marker','.','VarLabels',vbls);
daspect([1 1 1]);hold off
```

さらに biplot コマンドを用いると，主成分の 2 つまたは 3 つを軸として，スコアの散布図を作ることができる．図 5.5 は第 1 および第 2 主成分に関する散布図（バイプロット）である．ここではバイプロット図に 5 つの特徴（成績）の軸も表示されている．

第6章 大数の法則と中心極限定理

1つの事象について計測（実験）を繰り返したとき，測定値のばらつき（誤差の分布）が正規分布に従うことを，ガウスが発見した．これから正規分布はガウス分布とも呼ばれる．このことが直接意味する以上に，正規分布は統計学にとって重要でありかつ普遍性を持っている．それを説明するのが本章のテーマ「中心極限定理」である．

6.1 「サイコロの目」の例

1から6までの目が均等に出るサイコロを何度か振る．1回にそれぞれの目が出る確率は1/6である．サイコロの目が1であるとき確率変数の値を1，それ以外の目が出たときは値を0とする．実際にサイコロを1回振ったときは，1から6までの数の出現確率は均等だから，確率変数が1となる確率は1/6，0となる確率は5/6となる．

この事象は$p=1/6$のベルヌーイ試行であり，n回の試行は2項分布（3.1.2項）となる．n回の試行で1がk回出る確率を$f(k;n)$と書けば

$$f(k;n) = {}_nC_k p^k (1-p)^{n-k} \quad (k=0,1,2,3,\cdots,n) \tag{6.1}$$

である．2項分布の平均値および分散はそれぞれnpおよび$np(1-p)$である．

図6.1には$p=1/6$，$n=5, 15, 50$とした場合の確率関数$f(k;n)$を示した．横軸を図のようにk/nで表すと，2項分布の平均値はnpであるからpの位置にピークが現れ，分布の広がりは$p(1-p)/\sqrt{n}$となる．このことは分布の幅が確率変数のとりうる値の範囲に比べて狭くなることを意味しており，図から観察できることと一致している．図には比較のために平均値，標準偏

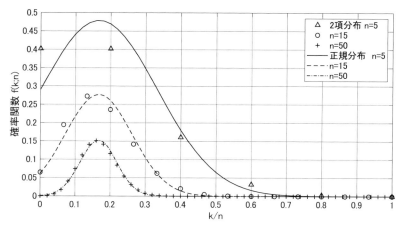

図 6.1 $p = 1/6$ の場合の 2 項分布 $f(k;n) = {}_nC_k p^k(1-p)^{n-k}(n = 5, 15, 50)$. 横軸は k/n. 対応する正規分布 ($\mu = np, \sigma = \sqrt{np(1-p)}$) は曲線で示す.

差がそれぞれ $np, \sqrt{np(1-p)}$ である正規分布も横軸を k/n として示した. 試行回数 n が大きくなるに従い, 2 項分布は正規分布に近づくことがわかる.

以上の観測結果を理論的に保証するのが,「大数の法則」と「中心極限定理」である. 2 項分布と対応する正規分布を描くスクリプトを示しておこう. スクリプトでは $p=1/6$ と選び, $f(k;n) = {}_nC_k p^k(1-p)^{n-k}$ である. スクリプトは $n=5$ の場合だけを示す.

───────── MATLAB 2 項分布, 試行回数依存性 ─────────

```
p=1/6; n=5;
x=0:n; xn= 0:0.1:n;
mu=n*p; sigma=sqrt(n*p*(1-p));
y=binopdf(x,n,p);
yn=normpdf(xn,mu,sigma);
plot(x/n,y,'^k',xn/n,yn,'-k','LineWidth',1); grid on;
xlabel('k/n'); ylabel('確率関数');
legend('2項分布 n=5','正規分布 n=5','Location','northeast',...
   'FontSize',13)
```

- `binopdf(x,n,p)` は 2 項分布の確率分布関数を与える.

- `normpdf(xn,mu,sigma)` は,平均値 $\mu = mu$,標準偏差 $\sigma = sigma$ の正規分布の確率分布関数を与える.

6.2 大数の法則

大数の法則を証明するために必要なチェビシェフの不等式を証明する.

6.2.1 チェビシェフの不等式

まず正の実数 $\varepsilon,\ p > 0$ に関して

$$P(|X| \geq \varepsilon) \leq \frac{1}{\varepsilon^p} E[|X|^p] \tag{6.2}$$

を示しておこう.

証明

$$\begin{aligned}
P(|X| \geq \varepsilon) &= \int_{-\infty}^{-\varepsilon} f_X(x) \mathrm{d}x + \int_{\varepsilon}^{\infty} f_X(x) \mathrm{d}x \\
&= \frac{1}{\varepsilon^p} \Big[\int_{-\infty}^{-\varepsilon} \varepsilon^p f_X(x) \mathrm{d}x + \int_{\varepsilon}^{\infty} \varepsilon^p f_X(x) \mathrm{d}x \Big] \\
&\leq \frac{1}{\varepsilon^p} \Big[\int_{-\infty}^{-\varepsilon} |x|^p f_X(x) \mathrm{d}x + \int_{\varepsilon}^{\infty} |x|^p f_X(x) \mathrm{d}x \Big] \\
&\leq \frac{1}{\varepsilon^p} \int_{-\infty}^{\infty} |x|^p f_X(x) \mathrm{d}x = \frac{1}{\varepsilon^p} E[|X|^p].
\end{aligned}$$

(証明終わり)

式 (6.2) で $p=1$,$\varepsilon = a$ とすれば

$$P(|X| \geq a) \leq E[|X|]/a$$

を得る.これを**マルコフ**(Markov)**の不等式**という.

平均値が μ,分散が σ^2 である確率変数 X について(確率変数 $X - \mu$ を考え),正の実数 $\varepsilon,\ p > 0$ として式 (6.2) を書き直せば

$$P(|X - \mu| \geq \varepsilon) \leq \frac{1}{\varepsilon^p} E[|X - \mu|^p] \tag{6.3a}$$

が成り立つ．

式 (6.3a) で $p = 2, \varepsilon = k\sigma$ の場合，

$$P(|X - \mu| < k\sigma) \leq 1/k^2 \tag{6.3b}$$

となる．これを**チェビシェフ**（Chebyshev）**の不等式**という．これらは確率論の基本定理である．

人気投票の得票数　歌手の人気投票を行った結果，平均の得票数（μ）は 1000 票，標準偏差（σ）は 300 票であった．チェビシェフの不等式から次のことがいえる．

- $k = 2 : 1/k^2 = 0.25 \Rightarrow$ 少なくとも歌手の 75% の得票は 400-1600．
- $k = 3 : 1/k^2 = 0.11 \Rightarrow$ 少なくとも歌手の 89% の得票は 100-1900．
- $k = 4 : 1/k^2 = 0.06 \Rightarrow$ 2200 票以上の票を得た歌手は多くとも全体の 6%．

ガンマ分布を用いてもっと具体的に理解しよう．ここで試みに「人気投票の獲得票数」はガンマ分布をしているとしよう．一定数の票をエントリー数のロットにランダムにばら撒くと，得票数は指数分布 $e^{-x/\beta}$ と表される．また人気投票数はべき分布に近いという報告もある．ガンマ分布は指数分布，べき分布の両方の特徴を持っている．ガンマ分布は「あるイベントが複数 ($\alpha - 1$) 回起きるまでの時間」の分布であるが，これを，「ある特定の歌手に投票する人数」の分布と読み替えればよい．

ガンマ分布の累積確率分布から

$$P(|x - \mu| < 2\sigma) = 0.9583,$$
$$P(|x - \mu| < 3\sigma) = 0.9936,$$
$$P(|x - \mu| > 4\sigma) = 9.1391 \times 10^{-4}$$

である．確かにチェビシェフの不等式を満足するが，その上限の見積もりは大幅に緩い（図 6.2）．スクリプトを次頁に与える．

108　第6章　大数の法則と中心極限定理

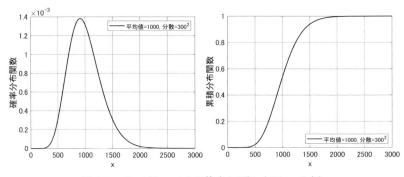

図 6.2　チェビシェフの不等式の理解（ガンマ分布）.

───── MATLAB ガンマ分布を用いたチェビシェフの不等式の実験 ─────
```
figure
x=0:1:3000;
mu=1000;
sigma=300;
a=(mu/sigma)^2;
b=sigma^2/mu;
ypdf=gampdf(x,a,b);
ycdf=gamcdf(x,a,b);
plot(x,ypdf,'-k','LineWidth',1.5); grid on
xlabel(' x ');ylabel('確率分布関数');
legend('平均値=1000, 分散=300^2','Location','northeast','FontSize',12);
hold off
plot(x,ycdf,'-k','LineWidth',1.5); grid on
xlabel(' x ');ylabel('累積分布関数')
legend('平均値=1000, 分散=300^2','Location','southeast','FontSize',12);
hold off
gamcdf(mu+2*sigma,a,b)-gamcdf(mu-2*sigma,a,b)
        ans  =   0.9583
gamcdf(mu+3*sigma,a,b)-gamcdf(mu-3*sigma,a,b)
        ans  =   0.9936
1-gamcdf(mu+4*sigma,a,b) % =P(x> | mu+4*sigma |=2200)
        ans  =   9.1391 e-04
```

- `gampdf, gamcdf` はそれぞれガンマ分布の確率密度関数と累積分布関数.

- `gampdf, gamcdf` をプロットした後，`gamcdf(mu+2*sigma,a,b)-gamcdf(mu-2*sigma,a,b)` では $P(|x-\mu|<2\sigma)$ を計算．$P(|x-\mu$

$|<3\sigma)$, $P(x>|\mu+4\sigma|=2200)$ についても同様.

チェビシェフとマルコフ

チェビシェフ（Pafnuty Lvovich Chebyshev, 1821-1894）はロシアの数学の父といわれ，確率論の発展に寄与するとともに，ロシアの多くの学生を育てた．その学生の1人がマルコフ（Andrey Andreyevich Markov, 1856-1922）である．マルコフは**確率過程**などの発展に寄与し，マルコフ過程，マルコフ連鎖などがその名前を冠している．ベイズ統計，時系列解析などのところで，マルコフの名前が登場する．

6.2.2 大数の弱法則と確率収束

独立な確率変数 $X_1, X_2, \cdots, X_n$ が同じ分布に従うとする．このとき

$$E[X_i] = \mu, \quad V[X_i] = \sigma^2 \; (<\infty) \quad (i=1,2,3,\cdots,n) \tag{6.4}$$

とすると，十分に小さく選んだ $\varepsilon > 0$ に対して

$$S_n = \frac{1}{n}(X_1 + X_2 + \cdots + X_n),$$
$$\lim_{n\to\infty} P\Big(|S_n - \mu| \geq \varepsilon\Big) = 0 \tag{6.5}$$

が成り立つ．これを**大数の弱法則**という．この証明には，チェビシェフの不等式が必要である．S_n に対してチェビシェフの不等式を認め，$V[S_n] = \dfrac{\sigma^2}{n}$ を用いて，証明を試みる．

証明 S_n に対してチェビシェフの不等式を用いると

$$P(|S_n - \mu| \geq \varepsilon) \leq \frac{E[|S_n - \mu|^2]}{\varepsilon^2} = \frac{V[S_n]}{\varepsilon^2} = \frac{\sigma^2}{n\varepsilon^2} \to 0 \; (n\to\infty).$$

（証明終わり）

大数の弱法則は，十分に小さく選んだ正数 ε に対して，n を大きくとれ

ば，S_n の分布が区間 $[\mu-\varepsilon, \mu+\varepsilon]$ に集中してきて，この区間から大きく離れてくる確率は 0 になることを意味する．このとき S_n は μ に**確率収束**（convergence in probability）するという．

　具体的にコイントスで考えてみよう．1 を表，0 を裏とすると，数回の施行では，たとえば「111」「000」などという結果が現れることは，十分あり得ることで，その結果，平均値も 1/2 から大きくずれることがある．しかし十分多数回の試行あるいは無限回の試行では「111…」「000…」ということはなく，分布は平均値 1/2 の周りに集まってくる．これが大数の弱法則が意味することである．

　大数の弱法則よりもより直接に確率変数の収束を述べるのが，次の定理大数の強法則である．

6.2.3　大数の強法則と概収束

　確率変数 $X_1, X_2, \cdots, X_n$ が互いに独立で，平均 $E[X_i] = \mu$，分散 $V[X_i]$ および $E[X_i^4]$ が有限であるとする．ただし同一の確率分布であるとは限らない．このとき

$$S_n = \frac{1}{n}(X_1 + X_2 + \cdots + X_n) \tag{6.6}$$

は確率 1 で

$$\lim_{n \to \infty} \left(S_n - \mu\right) = 0 \tag{6.7}$$

となる．これを**大数の強法則**という．これはまた次のように表現される．

$$P\left(\lim_{n \to \infty} |S_n - \mu| = 0\right) = 1. \tag{6.8}$$

このとき S_n の値は μ に**ほとんど確実に収束する**，あるいは**概収束**（almost sure convergence）**する**という．

　ここでいう「ほとんど確実に」の意味は，論理上可能ではあるが $n \to \infty$ の極限では確率 0 でのみ現れる（実際には「ほとんど確実に」観測されない）ということである．これを**測度**（measure）0 という．

　1 と 0 を等確率で無限回繰り返すコイントスを考えてみよう．このとき，「111111…」「000000…」あるいは「10101010…」ということは論理的

にはイベントとして可能であるが，実際的に出現することは「絶対に」ない，または「統計的には確率0」となる．

大数の強法則の証明には，まず**コルモゴロフの不等式**（チェビシェフの不等式の拡張になっている）とボレル-カンテリの定理が必要だが，その準備ができていないし，また本書の目的とは異なる方向に深入りしすぎるので，行わない．関心のある読者は伊藤清『確率論の基礎』（岩波書店，2004，初版 1944）あるいは，松原望『入門確率過程』（東京図書，2003）を参照せよ．

概収束と確率収束は相反する概念ではない．概収束すれば確率収束することがわかる（逆は成り立たない）．概収束の余事象を考えて，その確率を考えればよい．

6.3 中心極限定理

中心極限定理の例を 6.1 節でみた．またさまざまな分布に対して同じようにサンプル数を増やしていけば，その分布が正規分布に近づいていくことを我々は体験することができる．本節では，その一般性の数学的基礎，正規分布の不偏性を提供する．

6.3.1 ド・モアブル-ラプラスの定理

$k \sim np$ で $n \to \infty$ としたとき

$$\binom{n}{k} p^k q^{n-k} \simeq \frac{1}{\sqrt{2\pi npq}} \, e^{-\frac{(k-np)^2}{2npq}} \qquad (p+q=1,\ p,q>0) \tag{6.9}$$

であることは直接示すことができる．これから2項分布の場合に $n \to \infty$ とすると正規分布に収束すること，すなわち

$$\lim_{n \to \infty} P(X=k) = \frac{1}{\sqrt{2\pi np(1-p)}} \, e^{-\frac{(k-np)^2}{2np(1-p)}} \quad (k=0,1,2,\cdots,n) \tag{6.10}$$

を得る．これを**ド・モアブル-ラプラス** (de Moivre A, Laplace) **の定理**という．我々はすでに，6.1 節で2項分布が n を大きくした極限で，正規分布に近づくということを数値的に確かめたが，ここではそれを証明した．

ド・モアブル–ラプラスの定理は，確率変数が互いに独立で 2 項分布に従うときの中心極限定理である．

6.3.2 中心極限定理

確率変数 $X_1, X_2, \cdots, X_n$ が互いに独立で，かつそれぞれの平均値が μ，分散が $\sigma^2 (\neq 0)$ である同じ分布に従うとする．このとき $X_1, X_2, \cdots, X_n$ がどのような分布であっても，

$$X = \frac{X_1 + X_2 + \cdots + X_n}{n},$$
$$Z = \frac{\sqrt{n}}{\sigma}(X - \mu) \tag{6.11}$$

を定義すれば，n を大きくしたとき，確率変数 Z の分布は標準正規分布 $N(0,1)$ に近づき，

$$\lim_{n \to \infty} P(Z \leq z) = \int_{-\infty}^{z} \frac{1}{\sqrt{2\pi}} \exp(-\frac{y^2}{2}) \mathrm{d}y \tag{6.12}$$

となる．これを**中心極限定理**という．中心極限定理は，確率変数がどのような分布に従う場合であっても，X が $n \to \infty$ では正規分布 $N(\mu, \frac{\sigma^2}{n})$ に従うことを意味する．この定理は正規分布の普遍性を示している．

式 (6.12) を証明しよう．

証明 $E[X_i - \mu] = 0, V[X_i] = \sigma^2$ である新しい確率変数 $(i = 1 \sim n)$ を

$$Y_i = \frac{X_i - \mu}{\sqrt{n}\sigma}$$

とすると，$E[Y_i] = 0, V[Y_i] = 1/n$ であり，その特性関数は

$$\phi_{Y_i}(t) = \exp\left(-\frac{t^2}{2n}\right) \simeq 1 - \frac{t^2}{2n} + \cdots$$

である．したがって

$$Z = \frac{X_1 + X_2 + \cdots + X_n - n\mu}{\sqrt{n}\sigma} = Y_1 + Y_2 + \cdots + Y_n$$

は平均値 0，分散 1 の分布をする．Z の特性関数は

$$\phi_Z(t) = \prod_{i=1}^{n} \phi_{Y_i}(t) = \left[1 - \frac{t^2}{2n} + o\left(\frac{t^2}{n}\right)\right]^n \to \exp\left(-\frac{t^2}{2}\right)$$

となる．これは標準正規分布 $N(0,1)$ の特性関数である．ただしここで $\lim_{n\to\infty} \left(1 + \frac{a}{n}\right)^n = e^a$ を用いた．よって $(X_1 + X_2 + \cdots + X_n)/n$ は $n \to \infty$ では正規分布 $N(\mu, \sigma^2/n)$ に従う． (証明終わり)

6.3.3 中心極限定理の応用

中心極限定理を用いるとデータ数が十分であるかどうかの検証ができる．ここでは，中心極限定理が意味する「確率変数がどのような分布に従う場合であっても，X が $n \to \infty$ では正規分布 $N(\mu, \frac{\sigma^2}{n})$ に従う」ということを，いくつかの場合に使ってみよう．

サイコロの目の出方

サイコロを 100 回振ったとき，その目の和が 330 以上 390 以下となる確率はどれほどか？

> サイコロの目 1-6 が出る確率はそれぞれ 1/6 であるからそれらの和の期待値（平均値）は $\mu = (1+2+3+4+5+6) \times (1/6) = 21/6 = 7/2$ である．またその分散は $\sigma^2 = \{(1-7/2)^2 + (2-7/2)^2 + \cdots + (6-7/2)^2\}/6 = 35/12$ である．
>
> この分布を具体的に数え上げたらどうなるだろう．
>
> サイコロを 2 回振ったとき，その目の和は 2 から 12 までの数をとる．合計 2 の場合は (1,1)，3 の場合は (1,2), (2,1)，4 の場合は (1,3), (2,2), (3,1), $\cdots$ である．サイコロを 3 回振ったとき，和は 3 から 18 までの数をとり，たとえば合計が 8 になるのは (1,1,6), (1,2,5), (1,3,4), (2,2,4), (2,3,3) とその数の順番を入れ替えたもので 21 通りとなる．したがってこのような数え上げを実際に手計算で実行するわけにはいかない．
>
> 中心極限定理によれば，100 回の試行でのサイコロの目の合計はおおよそ正規分布

$$N(n\mu, n\sigma^2) = N\left(100 \times \frac{7}{2}, 100 \times \frac{35}{12}\right)$$

に従うはずである．$(X_i - \mu)/(\sigma/\sqrt{n})$ の分布が標準正規分布に近づくのであるから，標準正規分布 $N(0,1)$ の累積確率を用いれば

$$P\left(\frac{330 - 350}{\sqrt{100 \times \frac{35}{12}}} < x < \frac{390 - 350}{\sqrt{100 \times \frac{35}{12}}}\right)$$
$$= P(-0.6857 < x < 1.3714) = 0.9149 - 0.2465 = 0.6684$$

となる．したがって 0.6684(66.84%) であると見積もられる．

ここでの $N(0,1)$ における変数が -0.6857 から 1.3714 の間にある累積確率の値は，MATLAB で次のように簡単に求めることができる：

```
cdf('Normal',1.3714,0,1)-cdf('Normal',-0.6857,0,1)=0.6684
```

高校男子生徒の身長調査

全国の高等学校の 3 年男子生徒についての身長調査では，平均身長 170 cm，標準偏差 6 cm であった．この分布が正規分布であるとしたら，身長 165-175 cm の人の数は全体の何 % を占めるか？

この分布は $N(170, 6^2)$ である．身長が 165-175 cm である生徒の割合は MATLAB を用いれば

```
cdf('Normal',175,170,6)-cdf('Normal',165,170,6)
    ans = 0.5953
```

により，59.5% と求められる．

文部科学省調査「学校保健統計調査 令和 3 年度 全国表」から「身長の年齢別分布（政府統計コード 00400002）」
https://www.e-stat.go.jp/stat-search/files?page=1&stat_infid=000032258886

をみてみよう．ここに男子生徒の年齢別身長のデータがあるのでそれを材料に考えることにする．与えられているのは各学年別に身長を 1 cm 刻みにした度数（1000 を単位として）である．分布図を画くスクリプトを次に，分布図を図 6.3 に与える．

---- MATLAB 中心極限定理の応用 ----

```
ds0=xlsread('r3_hoken_tokei_02.xlsx') % エクセルファイルの読み込み
x(1:110,1)=ds0(2:111,1);
x(1:110,2)=ds0(2:111,14);
x1=rmmissing(x);
x1(:,3)=x1(:,1).*x1(:,2);
mu=sum(x1(:,3))/sum(x1(:,2))
      mu = 170.7837
x1(:,4)=(x1(:,1)-mu).^2.*x1(:,2);
sig2=sum(x1(:,4))/sum(x1(:,2));
sig=sqrt(sig2)
      sig = 5.9039
xa=130:0.1:200;
y=normpdf(xa,mu,sig);
plot(x1(:,1),x1(:,2),'ok','LineWidth',2);hold on
h=plot(xa,y*1000,'-k','LineWidth',1);grid on
xlabel(' 身長 cm');ylabel('% × 10/cm')
legend(' Given Data',' N(mu,sigma)','FontSize',12,'Location',...
   'northwest');
```

- 読み込んだデータ ds0 の第 1 列目は身長の区分，第 14 列目は 17 歳高校生のデータ（スクリプト 2, 3 行目）．

- rmmissing(x) では欠損データを含む行をすべて削除する．これを残したままでは，あるいは 0 としては，正しい平均値，分散が求められない．

MATLAB 計算により，平均値が 170.8 cm，標準偏差が 5.9 cm である．図 6.3 から，身長の分布がよく正規分布をなしていることもみてとれる．

X の分布が正規分布によってよく表されるから，$(X-\mu)/\sigma$ は標準正規分布 $N(0,1)$ に従う．$E[X-\mu] \leq d$ である確率は

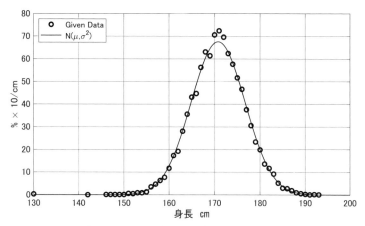

図 6.3 17歳男子高校生の身長の分布と対応する正規分布．データがないところには○印はない．

$$P(|X - \mu| \leq d) = P\left(\left|\frac{X - \mu}{\sigma}\right| \leq \frac{d}{\sigma}\right)$$
$$= \int_{-d/\sigma}^{d/\sigma} \frac{1}{\sqrt{2\pi}} \exp\left(-\frac{x^2}{2}\right) dx \quad (6.13)$$

である．$w_{\alpha/2}$ を

$$\int_{-w_{\alpha/2}}^{w_{\alpha/2}} \frac{1}{\sqrt{2\pi}} \exp(-\frac{y^2}{2}) dy = 1 - \alpha \quad (6.14)$$

と定義，言い換えれば「標準正規分布 $N(0,1)$ において $\pm w_\alpha/2$ の幅の中にある確率は $100(1-\alpha)\%$ である」とすれば，元の分布では平均値 μ の周り $d = w_{\alpha/2}\sigma$ が対応する．すなわち

$$\left|X - \mu\right| \leq d \Leftrightarrow \mu - d \leq E[X] \leq \mu + d$$
$$\Leftrightarrow \mu - w_{\alpha/2}\sigma \leq \bar{x} \leq \mu + w_{\alpha/2}\sigma$$

である．逆に言えば $1-\alpha$ だけの割合が含まれる幅は平均値の周り $\pm w_{\alpha/2}\sigma$ である．

それでは，17歳男子高校生のうちの 95% の身長の最高，最低はどうなるか考えてみよう．

$$\int_{-1.96}^{1.96} \frac{1}{\sqrt{2\pi}} \exp(-\frac{y^2}{2}) \mathrm{d}y = 0.95$$

であるから $[\mu - 1.96\sigma, \mu + 1.96\sigma] = [159.21, 182.36]$ を得る.これは次頁のスクリプトにより直接得られるものと一致する.

─────── MATLAB 95% 信頼区間 ───────
```
mu=170.7837;
sig=5.9039;
p=[0.025,0.975];
invp=icdf('Normal',p,mu,sig)
    invp = 1*2
    159.2123 182.3551
mu=0;
sig=1;
invp=icdf('Normal',p,mu,sig)
    invp = 1*2
    -1.9600 1.9600
```

- `icdf`:逆累積分布関数.ここでは`'Normal'`(正規分布)の逆累積分布関数で,値が p となる点を求める.

第7章 仮説と検定

　我々が統計データを得ることができるのは，多くの場合は母集団から無作為に選ばれた標本に対してのみである．本当に知りたいのは得られたデータの性質というよりは，そこから推し量る母集団の性質である．そのためには，与えられたデータから，適切な仮説を用いて統計量を推定し，それと実際の結果の比較から仮説の適否を検定（判断）し，母集団の定量的性質を知るという手順をとる．

7.1　母集団と標本

7.1.1　母集団と点推定

(a)　母数と標本

　母集団（population）から無作為に抽出された標本から，母集団の統計的性質に対して推測を行うことを**統計的推測**という．母集団の性質を記述するものは，たとえば平均値 μ や分散 σ^2 の値であり，それらの値そのものを推定することを**点推定**（point estimation）という．点推定に対するのが，後で述べる区間推定である．

　母集団の固有の統計量を**母数**（parameter）といい，母数のうち平均値，分散をそれぞれ**母平均**（population mean），**母分散**（population variance）という．この場合，母数あるいは分布に何らか（たとえば母集団の分布の形など）の仮定を設けるものを**パラメトリック**，一切の仮定を用いないものを**ノンパラメトリック**という．

　母数が直接求められる，あるいは事前に知られているのではなく，母集団から標本を<u>無作為に抽出</u>して，平均および分散（標本平均，標本分散）を計算するのであって，母数は実際には未知量である．したがって，標本平均，

標本分散から母平均や母分散などの母数を推定することになる．

(b) 標本平均，標本分散と母平均，母分散

一般に，母集団をいくつかの部分集団に分け，それぞれの部分集団の中から標本を採取するという手順をとる．これを**標本抽出**（sampling）という．部分集団からの標本抽出には，何らかの平均操作（たとえば，工場からの廃液を数日間にわたり測定するなど）を行ったり，あるいは無作為に部分集団から代表値として抽出（たとえば，国政選挙における投票先の聞き取り調査など）するなど，いろいろな方法がある．

母平均 μ，母分散 σ^2 の母集団から，n 個の標本 $x_1, x_2, \cdots, x_n$（標本数 (sample size) n）を取り出し，それらについて，**標本平均** $\bar{x}$，**標本分散** s^2 を次のように定義する．

$$\bar{x} = \frac{1}{n}\sum_{i=1}^{n} x_i, \tag{7.1a}$$

$$s^2 = \frac{1}{n-1}\sum_{i=1}^{n}(x_i - \bar{x})^2. \tag{7.1b}$$

ここでは，分散の方は標本数 n で割るのではなく，$n-1$ で割ることに注意してほしい．これから母平均および母分散を，次の手順で，推定する．

点推定で推定した母集団の中のグループに対応した標本点のばらつきを考えよう．$\{x_i\}$ は確率変数であり，標本平均 $\bar{x}$，標本分散 s^2 もまた確率変数である．$z_i = x_i - \mu$，$\bar{z} = \sum_i z_i/n$ として，これらの平均値と分散は $E[Z_i] = 0$，$E[Z_i Z_j] = 0\,(i \neq j)$，$E[Z_i^2] = 0$ により，

$$E[\bar{x}] = E\left[\frac{x_1 + x_2 + \cdots + x_n}{n}\right] = \frac{1}{n}\sum_{i=1}^{n} E[x_i] = \mu, \tag{7.2a}$$

$$\begin{aligned}E[s^2] &= \frac{1}{n-1}E\left[\sum_{i=1}^{n}(x_i - \bar{x})^2\right] = \frac{1}{n-1}E\left[\sum_{i=1}^{n}\{(x_i - \mu) - (\bar{x} - \mu)\}^2\right] \\ &= \frac{1}{n-1}E\left[\sum z_i^2 - 2\sum \bar{z}z_i + n\bar{z}^2\right] \\ &= \frac{1}{n-1}\Big\{\sum E[z_i^2] - \frac{2}{n}\sum E[z_i(z_1 + z_2 + \cdots + z_n)] \\ &\quad + \frac{1}{n^2}\sum E[(z_1 + z_2 + \cdots + z_n)^2]\Big\} \\ &= \frac{1}{n-1}(n\sigma^2 - 2\sigma^2 + \sigma^2) = \sigma^2 \end{aligned} \tag{7.2b}$$

となり，それぞれ母数と一致する．

また標本平均の分散は

$$V[\bar{x}] = \frac{1}{n^2}V\left[\sum_{i=1}^{n}x_i\right] = \frac{1}{n}V[x_i] = \frac{1}{n}E[(x_i - \mu)^2] = \frac{\sigma^2}{n} \tag{7.2c}$$

となる．これは標本数が大きくなると分散が小さくなることを示している．

以上の定義ではいくつかの標本についての平均や分散が母平均，母分散と等しくなる．このような推定量（$\bar{x}$ や s^2 など）を**不偏推定量**という[1]．

簡単な場合を考えよう．式 (7.1b) で $n-1$ で割ることの意味，あるいは s^2 がどのような分布に従うか考えてみよう．$\{x_1, x_2, \cdots, x_n\}$ は無作為に抽出された n 個の標本である．一方，$\bar{x}$ はそれらの平均（標本平均）である．したがって $\bar{x}$ は n 個の値から決まるものであり，$x_1, x_2, \cdots, x_n$ と独立のものではない．すなわち $\bar{x}$ をあらかじめ決めれば $\{x_1, x_2, \cdots, x_n\}$ の中で線形独立なものは $n-1$ 個である．

独立変数が x, y の場合，

---

[1] 標本分散を $\frac{1}{n}E\left[\sum(x_i - \bar{x})^2\right]$ と定義し，$\frac{1}{n-1}E\left[\sum(x_i - \bar{x})^2\right]$ を不偏分散として改めて定義するテキストもある．

$$u_1 = (x+y)/\sqrt{2},$$
$$u_2 = (x-y)\sqrt{2}$$

も互いに線形独立な変数であり，かつ $x^2 + y^2 = u_1^2 + u_2^2$ である．したがって，$x^2 + y^2 = u_1^2 + u_2^2 =$ 一定 という条件を課せば，独立な変数は 1 つである．独立変数が x, y, z の 3 つである場合には，

$$u_1 = (x+y+z)/\sqrt{3},$$
$$u_2 = (2x-y-z)/\sqrt{6},$$
$$u_3 = (y-z)/\sqrt{2}$$

と選べばよく，このときは $x^2+y^2+z^2 = u_1^2+u_2^2+u_3^2$ である．したがってこの量が一定という条件を課せば，独立なものは 2 つである．線形独立な変数の選び方は一意的ではない．

一般に独立変数 $x_1, x_2, \cdots, x_n$ から $u_1^2 + \cdots + u_n^2 = x_1^2 + \cdots + x_n^2$ を満足する独立変数 $u_1 = (x_1 + x_2 + \cdots + x_n)/\sqrt{n}, u_2, \cdots, u_n$ への変換はつねに可能である[2]．

式 (7.1b) に戻ろう．

確率変数 s^2 が自由度 $n-1$ の χ^2 分布に従うことの証明

$$\sum_{i=1}^n (x_i - \bar{x})^2 = \sum x_i^2 - 2\bar{x}\sum x_i + n\bar{x}^2 = \sum x_i^2 - n\bar{x}^2$$

であるから，確率変数としては

$$\sum_{i=1}^n X_i^2 - n\bar{X}^2 = \sum_{i=1}^n X_i^2 - \left(\frac{\sum_{i=1}^n X_i}{\sqrt{n}}\right)^2$$

である．

独立かつ同じ分布に従う n 個の確率変数 $X_1, X_2, \cdots, X_n$ に上で述べたような線形変換を行い n 個の規格化された確率変数

---

[2] ここで行った線形変換には，一般に**グラム–シュミットの方法**を用いればよい．

$$U_1 = \frac{X_1 + \cdots + X_n}{\sqrt{n}} = \sqrt{n}\bar{X},\ U_2, \cdots, U_n$$

が得られ，それら変換後の確率変数も同じ分布に従う．ただし，$\bar{X} = (X_1 + X_2 + \cdots + X_n)/n$. さらに変換前後の確率変数は

$$X_1^2 + \cdots + X_n^2 = U_1^2 + \cdots + U_n^2$$

を満足する．以上により

$$\sum_{i=1}^n (X_i - \bar{X})^2 = \sum_{i=1}^n X_i^2 - n\bar{X}^2 = \sum_{i=1}^n U_i^2 - U_1^2 = \sum_{i=2}^n U_i^2$$

であることが示された．右辺の和の項数，すなわち自由度の数は $n-1$ である．これが式 (7.2b) が（n ではなく）$n-1$ で割られている理由である．また，これにより確率変数 s^2 が自由度 $n-1$ の χ^2 分布に従うことが証明された． (証明終わり)

MATLAB による平均，分散の計算 MATLAB にはデータの平均値や分散を計算するスクリプトが用意されている．1 次元ベクトルデータ A（$n \times 1$, n は標本数）が与えられたとき，

```
V=var(A,w)
```

は，パラメータ w に従って次のように分散を計算する重みを指定する．

- $w = 0$（または指定しない）の場合，分散は $n-1$ で正規化．

- $w = 1$ の場合，分散は標本数 n で正規化．

7.1.2 区間推定

(a) 信頼区間

点推定では母数の推定値を 1 つ与えた．それに対して，**区間推定**（interval estimation）では，真の母数の値が入っていると考えられる区間を与える．確率変数 X に対して

$$P_X(L \leq x \leq U) \geq 1 - \alpha \quad (0 < \alpha < 1) \tag{7.3}$$

となる区間 $[L, U]$ が決まるとき，これを確率変数 X の $100(1-\alpha)\%$ **信頼区間**（confidence interval）という．また $1-\alpha$ を信頼係数，信頼水準などと呼び，「X の値は信頼係数 $\cdots\%$ で区間 $[L, U]$ にある」という使い方をする．次に述べるように，「X の母数の値が区間 $[L, U]$ にある確率は $\cdots\%$ である」という使い方，あるいは理解をしてはいけない．

「95% 信頼区間」の意味　母平均は母集団に対して 1 つ決まっている値であって，測定によって変わるものではない．したがって「母平均の 95% 信頼区間」は，「この区間の中に 95% の確率で**母平均**が含まれる」という意味ではない．「信頼区間を得るために標本抽出を無作為に 100 回繰り返したとき，（標本の偏りを原因として）得られた**標本平均**のうちの 95 回は信頼区間の中にある」という意味である．

これまでも，実際には区間推定の例をいくつか実行してきた．

(b) 標本数の決め方

母集団において，ある事象が起きる確率を**母比率**（population proportion）という．

母集団の確率変数 X が 2 項分布に従い，その確率（母比率）が p であるとしよう．このときの平均値および分散は，n 回の試行（標本抽出）に関して

$$E[X] = np, \quad V[X] = np(1-p)$$

となる．新たに

$$Z = \frac{X - np}{\sqrt{np(1-p)}} = \frac{X/n - p}{\sqrt{p(1-p)/n}}$$

を確率変数に選べば，その分布は n が十分大きいときには標準正規分布 $N(0,1)$ に近づく．$\sum X/n$ は（事象が起こった回数）/標本数である．

標本数が n，標本について事象が起こった比率（標本比率）を $\bar{p}$ とする（$\sum X/n = \bar{p}$, $\sum Z = (\bar{p} - p)/\sqrt{p(1-p)/n}$）．$n$ を十分大きくとれば，Z の

分布は標準正規分布 $N(0,1)$ で与えられる[3]. このことから統計量 Z の値 z の 95% 信頼区間 $(P(-1.96 \leq z \leq 1.96) = 0.95)$ は

$$-1.96 \leq z \leq 1.96$$

であること，書き直して

$$\bar{p} - 1.96 \times \sqrt{\frac{p(1-p)}{n}} \leq p \leq \bar{p} + 1.96 \times \sqrt{\frac{p(1-p)}{n}} \tag{7.4a}$$

であることがわかる．左右両辺にも p があるため，このままでは式 (7.4a) は使いにくい．標本数 n が十分大きければ $p \simeq \bar{p}$ であるのでこれを用いて式 (7.4a) を書き直せば

$$\bar{p} - 1.96 \times \sqrt{\frac{\bar{p}(1-\bar{p})}{n}} \leq p \leq \bar{p} + 1.96 \times \sqrt{\frac{\bar{p}(1-\bar{p})}{n}} \tag{7.4b}$$

を得る．これから母数の 95% 信頼区間が求められる．

なるべく確度の高い結果を得るためには，信頼区間を狭くすればよい．式 (7.4a) からわかるように，そのためには標本数 n を大きくする必要がある．標本比率を 10% ($\bar{p}=0.1$) として，95% の信頼区間を，たとえば，6% の幅に止めたいとする．このときは

$$2 \times 1.96 \times \sqrt{\frac{0.1(1-0.1)}{n}} \leq 0.06 \rightarrow n \geq \left(2 \times 1.96 \times \frac{\sqrt{0.09}}{0.06}\right)^2 = 384.16$$

とすればよい．すなわち標本数 n を 385 以上無作為に抽出すればよい．この数は 95% 信頼区間の幅が 10% でよければ 139，厳しめに 2% とすれば 3458 となる．

母比率の推定 以上のことは，以下のように母比率の推定に用いることもできる．

政府への支持率を推定するために 1000 名の国民を無作為に抽出し調査したところ，300 名が支持していた ($\bar{p}=0.3$) とする．式 (7.4b) から

$$0.3 - 1.96\sqrt{\frac{0.3(1-0.3)}{1000}} < p < 0.3 + 1.96\sqrt{\frac{0.3(1-0.3)}{1000}}$$

---

[3] 標準正規分布 $N(0,1)$ では，$-1.96 \leq x \leq 1.96$ に分布全体の 95% が入ることはすでにみたとおりである．

を得る．これから支持率の 95％ 信頼区間は $0.272 < p < 0.328$ といえる．

(c) 母平均の区間推定

母分散 σ^2 の値は未知であるとして，母平均 μ の値を推定する．母集団の確率変数 X を考える．標本数を n，標本平均を $\bar{x}$，標本分散を s^2 としよう．標本数 n を十分大きくとれば，標本 x_i の分布は正規分布に，標準偏差 s^2 の分布は χ^2 分布に従う．

$$t = \frac{\bar{x} - \mu}{s/\sqrt{n}} = \frac{(\bar{x} - \mu)/\sqrt{\sigma^2/n}}{s/\sigma} \tag{7.5}$$

を確率変数と選ぼう．$(\bar{x} - \mu)/\sqrt{\sigma^2/n}$ の分布は $N(0,1)$ に，s^2/σ^2 の分布は自由度 $n-1$ の χ^2 分布に従う．したがって t は自由度 $n-1$ の t 分布に従う．t 分布は平均値 0 の上下に関して対称であるから，平均値の上下 $\pm w_{\alpha/2}^{(n-1)}$ に $100(1-\alpha)\%$ の標本が入るとすれば

$$\int_{-w_{\alpha/2}^{(n-1)}}^{w_{\alpha/2}^{(n-1)}} f_T(t, n-1) \mathrm{d}t = 1 - \alpha \tag{7.6}$$

と書くことができる．$f_T(t, n-1)$ は自由度 $n-1$ の t 分布確率密度関数である（式 (4.48)）．

式 (7.6) により定義される $w_{\alpha/2}^{(n-1)}$ を用いれば，母平均 μ の $100(1-\alpha)\%$ 信頼区間は

$$\left[\bar{x} - w_{\alpha/2}^{(n-1)} \frac{s}{\sqrt{n}}, \quad \bar{x} + w_{\alpha/2}^{(n-1)} \frac{s}{\sqrt{n}} \right] \tag{7.7}$$

である．標本数 n を大きくすれば信頼区間は狭くなる．自由度 $\nu = 10$ の t 分布およびその 95％ 信頼区間を図 7.1 に，スクリプトを次頁に示す．

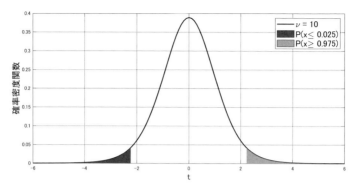

図 7.1 t 分布 $f_T(t, 10)$. 95% 信頼区間の外側をグレーで示す.

---- MATLAB t 分布と信頼区間 ----

```
x=[-6:.1:6];
y=tpdf(x,10);
figure;
plot(x,y,'-k','LineWidth',1.5);grid on;hold on
xlabel(' t ','FontSize',15)
ylabel('確率密度関数','FontSize',15)
nu=10;
p=[0.025,0.2,0.8,0.975];
x=tinv(p,nu)
    -2.2281   -0.8791    0.8791    2.2281
x1=-6:0.01:-2.2281;y1=tpdf(x1,nu);
x2=2.2281:0.01:6;y2=tpdf(x2,nu);
area(x1,y1,0);hold on
area(x2,y2,0);
legend('¥nu=10','P(xleq 0.025)','P(x¥geq 0.975)','FontSize',15)
```

- `x=tinv(p,nu)` は，与えられた p 値（設定した仮説が正しいかを判定するための基準となる値）に対応する自由度 ν (nu) の t 分布の逆累積分布関数 icdf を返す.

- x 座標をベクトル $\vec{x} = (x_1, x_2, \cdots)$, 対応する y 座標をベクトル $\vec{y} = (y_1, y_2, \cdots)$ とし，`area(x,y,0)` は指定された $((x_i, y_i)\,(i = 1, 2, \cdots)$ を線分で結んだ曲線とベースライン $y=0$ で挟まれた）領域を塗りつぶす．ここでは信頼区間の外を左側と右側に分けて塗りつぶす．

(d) 母分散の区間推定

母分散を推定するためには，標本の分散 s^2 の分布を知る必要がある．確率変数 X が標準正規分布 $N(0,1)$ に従うとき，$Y = X^2$ を確率変数とする分布は χ^2 分布である．したがって，母分散 σ の区間推定を行うためには，n 個の標本について $(x_i - \bar{x})^2$ の分布を χ^2 分布をもとに評価すればよい．

$$Z^2 = \frac{1}{\sigma^2} \sum_{i=1}^{n} (X_i - \bar{X})^2 = \frac{(n-1)s^2}{\sigma^2} \tag{7.8}$$

は自由度 $n-1$ の χ^2 分布に従い，分布 $\chi^2_{n-1}(t)$ は $(0, \infty)$ にわたる．

$$\int_{w^{(n-1)}(\alpha/2)}^{\infty} \chi^2_{n-1}(t) \mathrm{d}t = \frac{\alpha}{2}, \quad \int_{0}^{w^{(n-1)}(1-\alpha/2)} \chi^2_{n-1}(t) \mathrm{d}t = \frac{\alpha}{2}$$

を定義すると

$$\int_{w^{(n-1)}(1-\alpha/2)}^{w^{(n-1)}(\alpha/2)} \chi^2_{n-1}(t) \mathrm{d}t$$
$$= \int_{0}^{\infty} \chi^2_{n-1}(t) \mathrm{d}t - \int_{0}^{w^{(n-1)}(1-\alpha/2)} \chi^2_{n-1}(t) \mathrm{d}t - \int_{w^{(n-1)}(\alpha/2)}^{\infty} \chi^2_{n-1}(t) \mathrm{d}t$$
$$= 1 - \alpha$$

を求めることになる．定義 (7.8) から信頼度 $1-\alpha$ の母分散 σ^2 は

$$w^{(n-1)}(1-\alpha/2) \leq \frac{(n-1)s^2}{\sigma^2} \leq w^{(n-1)}(\alpha/2)$$

である．これを書き直すと分散 σ^2 は $\frac{(n-1)s^2}{w^{(n-1)}(\alpha/2)} \leq \sigma^2 \leq \frac{(n-1)s^2}{w^{(n-1)}(1-\alpha/2)}$ にある．したがって母分散 σ^2 の $100(1-\alpha)\%$ 信頼区間は

$$\left[\frac{(n-1)s^2}{w^{(n-1)}(\alpha/2)}, \quad \frac{(n-1)s^2}{w^{(n-1)}(1-\alpha/2)} \right] \tag{7.9}$$

と求められる．

$\chi_{n-1}{}^2$ の分布と信頼区間を図 7.2 に，それを与えるスクリプトを次頁に示す．

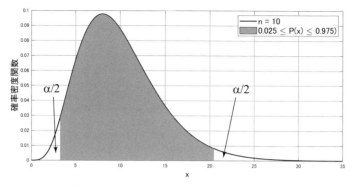

図 7.2 χ^2 分布 $\chi^2(x; 10)$. 95% 信頼区間の内側をグレーで示す.

──── MATLAB χ^2 分布とその 95% 信頼区間 ────

```
x=[0:.1:35];
y=chi2pdf(x,10);
h=plot(x,y,'-k','LineWidth',1.5);grid on;hold on
xlabel(' x ','FontSize',15)
ylabel(' 確率密度関数 ','FontSize',15)
nu=10;
p=[0.025,0.2,0.8,0.975];
x=chi2inv(p,nu)
      x =    3.2470    6.1791   13.4420   20.4832
x1=3.2470:0.01:20.4832;y1=chi2pdf(x1,nu);
area(x1,y1,0);hold on
newcolors=[0.7 0.7 0.7];
colororder(newcolors)
legend('\nu = 10','0.025 \leq P(x) \leq 0.975)','FontSize',15);hold off
```

- `x=chi2inv(p,nu)` は, 与えられた p 値に対応する自由度 ν(nu) の χ^2 分布の逆累積分布関数 icdf を返す.

推計統計学と K. ピアソン，R. フィッシャー

　K. ピアソン（Karl Pearson, 1857-1936）はイギリスの数理統計学者・優生学者であり，回帰分析，相関分析，χ^2 検定などを発展させた．記述統計学を完成させ推計統計学の糸口を開いたといえる．R. フィッシャー（Ronald Alymer Fisher, 1890-1962）は，イギリスの統計学者，優生学者で，分散分析や最尤法の手法を編み出し，推計統計学を開拓した．しかし，両者は不仲で，2 人の間の論争は厳しいものだったという．それらの対立の元には，母集団と標本を厳格に区別すること，また遺伝に関するダーウィン派とメンデル派の対立があった．

　優生学（eugenics）は進化論と遺伝学に基礎を置き，C. ダーウィンの従弟であるゴルトン（第 5 章脚注 1) 参照）を始祖とする．優生学は優良な遺伝形質を保存することを目的に始まり，やがて危険なイデオロギーやそれに基づく社会政策を主導するものとなった．近年では新優生学（new eugenics）の問題点がしばしば議論される．

7.2 仮説と仮説検定

7.2.1 仮説検定と仮説の棄却

(a)　検出力

　母集団に対して期待される結果（仮説）と観測された結果を比較して検証することを仮説検定（検定）という．検定すべき仮説（検定仮説あるいは帰無仮説，null hypothesis）と結果の差が確率的なばらつきの範囲を超えている場合には仮説を誤りであると判断して棄却する．これを「仮説の棄却」という．通常，棄却する範囲 α を 5% あるいは 1% ととり，これを**有意水準**という．

　仮説を棄却する場合，「仮説からのずれは**有意**（statistical significance）である」という．有意でない場合には判断を保留する．これがフィッシャーの進めた有意性検定である．J. ネイマン（Jerzy Neyman, 1894-1981）と E. ピアソン（Egon Sharpe Pearson, 1895-1980. K. ピアソンの息子）はこ

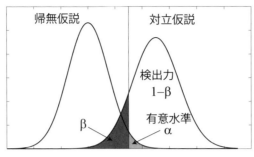

図 **7.3** 有意水準 α と検出力 $1-\beta$.

れをさらに進め，今日用いられる仮説検定の方法を確立した．

2つの仮説を設定する．第1は**帰無仮説**（null hypothersis）であり H_0 と表す[4]．第2には，帰無仮説と対立する（互いに否定の関係にある）仮説を設定する．これを**対立仮説**（alternative hypothesis）といい，H_1 と表す．これらの関係は図7.3に示すとおりである．有意水準より帰無仮説の側にある対立仮説の確率を β と書くと，帰無仮説 H_0 が棄却された側の H_1 の率は $1-\beta$ である．この $1-\beta$ を**検出力**（power of a test）と呼ぶ．

これらに対して，標本数，平均値の分布，分散の分布などの観点から評価をする．仮説検定には2種類の誤り（過誤）がある．

- 「第一種の過誤」：帰無仮説が正しいのにもかかわらず，それを棄却する過誤．確率として α だけある．

- 「第二種の過誤」：帰無仮説が誤りである（対立仮説が正しい）にもかかわらず，帰無仮説を採択する過誤．確率として β だけある．

(b) ネイマン-ピアソンの補題と尤度比検定

以上の議論から，検定が十分意味を持つようにするには α と β をともにできる限り小さくなるようにすることである．しかし α と β をともに0に

---

[4] 結論として否定したいことを述べ，最後には棄却されるので，「無に帰す仮説」という意味で帰無仮説という．

することは不可能である．一般には α を適当に設定し，そのときに対立仮説をどのように選択するかという問題になる．最強の検定力を持つ検定法が一意的に存在することを保証し，そのための条件式を与えるのが，**ネイマン-ピアソンの補題**である．

ネイマン-ピアソンの補題 「任意の有意水準 α に対して，尤度比検定は最強の検出力を持っている」というのが本命題である．尤度比（尤度の比）というとき，確率密度関数の比と考えてよい．もう少し具体的に述べよう．

2つの仮説 H_0（パラメータ $\theta = \theta_0$）と $H_1(\theta = \theta_1)$ との間で仮説検定を行う．θ_0, θ_1 のそれぞれに対応する確率密度関数は $f(x, \theta_0)$ と $f(x, \theta_1)$ であるとする．仮説 H_0 の棄却域 R は

$$\alpha = P_{\theta_0}(x \in R) = \int_{x \in R} \mathrm{d}x f(x, \theta_0) \tag{7.10}$$

によって決まる．このとき確率密度関数（ここでは尤度として用いた）の比（尤度比）を用いた検定（尤度比検定）

$$\Lambda(x) = \frac{f(x, \theta_1)}{f(x, \theta_0)} \begin{cases} > \lambda & \text{ならば } H_0 \text{ を棄却し } H_1 \text{ を採択,} \\ \leq \lambda & \text{ならば } H_0 \text{ を採択し } H_1 \text{ を棄却} \end{cases} \tag{7.11}$$

は，第一種の過誤 α の仮説検定の中で検出力 $1 - \beta$ が最も大きいものである（β は第二種の過誤）．この補題により一般的に使われる検定方法の最適性が保証されている．式 (7.11) にある λ は式 (7.10) により決められるものである．このことを考えれば式 (7.10) を次のように書いてもよい：

$$\alpha = P_{\theta_0}(x : \Lambda(x) > \lambda).$$

ネイマン-ピアソンの補題の証明 ネイマン-ピアソンの補題は制約条件下で最大値を求める問題である．確率分布が連続関数で表される場合には以下のようにラグランジュ未定常数法を用いれば簡単に示すことができる．

ラグランジュ未定常数法 条件 $g(x) = \alpha$ の下で上に凸である関数 $f(x)$ の最大値を求めたい．新たな変数 λ を導入し

$$F(x,\lambda) = f(x) - \lambda(g(x) - \alpha) \tag{7.12}$$

を考える．このとき，

$$\frac{\partial F(x,\lambda)}{\partial x} = \frac{\partial F(x,\lambda)}{\partial \lambda} = 0 \tag{7.13}$$

により $F(x,\lambda)$ の最大値を与える点 $x = x^*$ が求められる．$F(x^*, \lambda) \geq F(x,\lambda)$ であるから，条件 $g(x,\lambda) = \alpha$ の下では $f(x^*) \geq f(x)$，$x \in S = \{x : g(x) = \alpha\}$ となる．

この方法を次のように書き換える：

$$S = \{x : g(x) = \alpha\} \rightarrow R = \{x : \int_x f(x,\theta_0) \mathrm{d}x = \alpha\}, \tag{7.14a}$$

$$g(x) \rightarrow g(R) = \int_{x \in R} f(x,\theta_0) \mathrm{d}x \ (= \alpha), \tag{7.14b}$$

$$f(x) \rightarrow f(R) = \int_{x \in R} f(x,\theta_1) \mathrm{d}x \ (= 1 - \beta), \tag{7.14c}$$

$$F = f - \lambda(g - \alpha) \rightarrow F(R,\lambda) = \int_{x \in R} [f(x,\theta_1) - \lambda f(x,\theta_0)] \mathrm{d}x + \lambda\alpha. \tag{7.14d}$$

条件式 (7.13) により，いかなる $\alpha > 0$ を与えても

$$\int_{x \in R} f(x,\theta_0) \mathrm{d}x = \alpha \tag{7.15a}$$

となる領域 R が定まり，対応して

$$\lambda = \frac{f(x,\theta_1)}{f(x,\theta_0)} \quad (x \in \partial R) \tag{7.15b}$$

となる λ が決まる．ただし H_0 の棄却域 R と許容域 R^c を分ける境界を ∂R と書いた．式 (7.15a)(7.15b) が最強の検出力を与える．

確率分布が離散である場合にも同様な結果を得ることができるが，ここでは省略する．

尤度比検定の例 尤度比検定の具体的な例をみることにしよう．

ある製品の寿命 $x(>0)$（日）が $a = 20$，$b = 200$（日）のガンマ分布

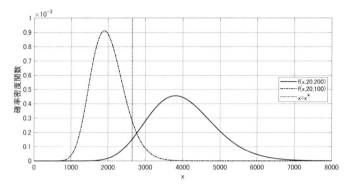

図 7.4 ガンマ分布 $f(x|20, 200)$ と $f(x|20, 100)$. $f(x, 20, 100)$ は $f(x, 20, 200)$ より左側に位置するから左側片側検定になる. 垂直線は $\alpha = 0.05$ に対応する.

(3.2.3 項)

$$f(x|a,b) = \frac{1}{b^a \Gamma(a)} x^{a-1} \exp(-\frac{x}{b})$$

に従うとしよう. 平均の寿命は $ab = 4000$ 日である.

この製品の通常の製造過程では $b_0 = 200$ 日であるのに,製造プロセスに問題が発生して $b_1 = 100$ 日になったものが混ざった. このとき 1 つのサンプルを抽出して有意水準 $\alpha = 0.05$ とする検定を行うことにする. 不良製品が混ざる確率を計算してみよう. 製品の寿命の分布である 2 つのガンマ分布を描くスクリプトを下に,分布の図を図 7.4 に与える.

―――― MATLAB ガンマ分布の確率密度関数 ―

```
x=[0:1:8000];
y1=gampdf(x,20,200); y2=gampdf(x,20,100);
plot(x,y1,'-',x,y2,'-.','LineWidth',1.5);hold on
ylabel('確率密度関数');xlabel('x','FontSize',12)
```

- ガンマ分布の確率分布関数は gampdf,累積分布関数は gamcdf. $f(x, 20, 100)$ は $f(x, 20, 200)$ より左側に位置するから,左側片側検定.

- $\alpha = 0.05$ に対応する x^* に垂直線を引く.

ガンマ分布の確率密度関数は $f(x|a,b)$ である．したがって
$$\Lambda(x) = \frac{f(x|a,b_1)}{f(x|a,b_0)} = \left(\frac{b_0}{b_1}\right)^{20} \exp\left((-\frac{1}{b_1}+\frac{1}{b_0})x\right) = 2^{20}\exp\left(-\frac{x}{200}\right)$$
となる．すなわち H_0 を棄却する領域 C は
$$C = \left\{x : \frac{x}{200} < \ln(\frac{\lambda}{2^{20}})\right\}$$
である（ln は自然対数 log と同じ）．$\alpha = 0.05$ であるとき，最強検出力の検定を行うには，ガンマ分布 $f(x|20, 200)$ に対して
$$P\left(X \leq x^* = 200\ln\left(\frac{\lambda}{2^{20}}\right)\right) = \alpha$$
である λ を求めればよい．$x^* = \mathtt{gaminv}(0.05, 20, 200) = 2.6509 \times 10^3$, $\lambda = 2^{20}\mathrm{e}^{-x^*/200} = 1.8373$ である．

これが最強検出力を与える．これを数値的に求めるスクリプトを次に示す．gaminv はガンマ分布の逆累積分布関数の値を与える．

---- MATLAB 尤度比検定

```
x=gaminv(0.05,20,200)
   x = 2.6509e+03
k=2^(20)*exp(-x/200)
   k = 1.8373
```

不良品の率が高すぎると考えるならば α の値を大きくする．

7.2.2 標本平均に関する検定の例

(a) z 検定：母平均 μ と母分散 σ^2 がわかっている場合

標本の平均値と母集団の平均値とが有意に異なるかどうかを検定するために，z 検定が用いられる．これは，母集団が正規分布に従い，母平均 μ と母標準偏差 σ がわかっているということを前提とする．比較する統計量に，標本数を n，標本平均を $\bar{x}$ として
$$z = \frac{\bar{x} - \mu}{\sigma/\sqrt{n}}$$
を選べば，z は標準正規分布 $N(0,1)$ に従うはずである．

z 検定の例：大学志願者のレベルの変化 ある大学の入学試験では，毎年受験生は 10000 人で総合点 1000 点である．過去の結果はおおよそ平均 400 点，標準偏差 100 点の正規分布となっている．今年も例年同様 10000 人が受験した．受験生の動向をすぐに知りたいので無作為に 50 人の結果を抽出して調べたところ，平均点は 430 点であった．この結果をみて，志願者レベルは向上したといえるか．

ここでは，母平均 $\mu = 400$，母標準偏差 $\sigma = 100$ が既知であるから，正規分布の上側の片側検定を行う．

1. **仮説の設定**：帰無仮説は「受験生のレベルは向上していない」とし，対立仮説は「受験生のレベルは向上した」である．
2. **有意水準の設定**：有意水準を 5% におく．
3. **適切な検定統計量**：母平均 $\mu = 400$，母標準偏差 $\sigma = 100$，標本数 $n = 50$，標本平均 $\bar{x} = 430$ である．統計量 $z = \frac{\bar{x}-\mu}{\sigma/\sqrt{n}}$ を用いた母平均の区間推定を行う．これらのデータから z の値は次のようになる：

$$z = \frac{\bar{x}-\mu}{\sigma/\sqrt{n}} = \frac{430-400}{100/\sqrt{50}} = 2.1213.$$

4. **棄却ルールの決定**：この検定で使用する分布は正規分布である．受験生のレベルが向上しているか否かを問題としているので，レベルが低下している方は問題とせず片側検定となる．
5. **結論**：MATLAB を用いて

```
>> x=icdf('Normal',0.95,0,1)
   x = 1.6449
```

すなわち確率 95% に対応する場所は $x = 1.6449$ である．値 1.6449 は棄却域か非棄却域かを分けている．$z = 2.1213$ は 1.6449 より外，棄却域に入っているので，「有意水準 5% において，帰無仮説は棄却される」という結果になる．これから，5% 水準では受験生のレベルは向上しているという結論になる．

この検定で標本数 $n = 30$ である場合には，$z = 0.3 \times \sqrt{30} = 1.643$ となり，これは棄却域にない．すなわち帰無仮説は棄却されない．

以上では入力は標本の平均値であったが，標本データそのものを用いると

次のようになる．正規分布するモデルを作るところから始めよう．

モデルを作るために標本標準偏差 $\bar{s}$ を決めたが，それ以外には $\bar{s}$ を使っていない．z 検定を使って，データ x が平均 μ，標準偏差 σ の正規分布から派生しているという帰無仮説に対する検定結果を返す．対立仮説は，平均値の信頼区間に $\bar{x}$ がないということで，帰無仮説が有意水準 5% で棄却されたときが $h = 1$，それ以外は 0 となる．スクリプトを次に示す．

───── MATLAB z 検定 ─────
```
mu=400;  sigma=100;
x_bar=430;  s_bar=80;
n=50;
R0=randn(n,1);
R0_mean=mean(R0);
R0_std=std(R0);
R=s_bar/R0_std*(R0-R0_mean)+x_bar;
fitdist(R,'Normal')
histfit(R);
z=(x_bar-mu)/(sigma/sqrt(n))
     z = 2.1213
[h,p,ci,zval]=ztest(R,mu,sigma,'Tail','right')
     h = 1
     p = 0.0169
     ci = 406.7383
            Inf
     zval = 2.1213
x=icdf('Normal',0.95,0,1)
```

- R が，標本数 $n = 50$，標本平均 $\bar{x} = 430$，標本標準偏差 $\bar{s} = 80$ として標準正規分布から作った標本．平均値と標準偏差が所与のものになるよう調整している．

- `fitdist(R,'Normal')` により，分布 R に最適な正規分布の平均値と標準偏差，そしてそれらの信頼区間を表示．`histfit` によりヒストグラムと最適正規分布を描画．

- `[h,p,ci,zval]=ztest(R,mu,sigma,'Tail','right')` で右側 z 検定を実行．p 値と検定結果を与える．ci は信頼区間，$zval$ は z 値．

(b) t 検定：母平均 μ だけがわかっている場合

母集団が正規分布に従うという条件の下で，母平均 μ と標本平均 $\bar{x}$，標本標準偏差 $\bar{s}$ がわかっているとする．このとき統計量

$$t = \frac{\bar{x} - \mu}{\bar{s}/\sqrt{n}} \tag{7.16}$$

を検定統計量に選ぶと，t は自由度 $n-1$ の t 分布に従う．これが t 検定である（7.1.2 項 (c) 参照）．t 検定は実際によく使われる．

t 検定の例：製品の寿命　A 社の蛍光灯の寿命が 10000 時間であると広告されている．この蛍光灯を異なる店で合計 30 個購入し試験を行った．試験結果では寿命の平均値は 9900 時間，標準偏差は 300 時間であった．この蛍光灯の寿命が正規分布に従うと考えて，広告に問題ないと考えられるかどうか順を追って考えてみたい．ここでは母分散が知られていないので，検定もそれに沿って行う．

1. **仮説の設定**：帰無仮説は「対象の蛍光灯の寿命は 10000 時間である」とし，対立仮説は「対象の蛍光灯の寿命は 10000 時間よりも短い」である．
2. **有意水準の設定**：有意水準を 5% におく．
3. **適切な検定統計量**：7.1.2 項 (c) に倣い，母平均 $\mu = 10000$，標本数 $n = 30$，標本平均 $\bar{x} = 9900$，標本標準偏差 $\bar{s} = 300$ として統計量 $t = \frac{\bar{x}-\mu}{\bar{s}/\sqrt{n}}$ を用いた母平均の区間推定を行う．これらのデータから t の値は次のようになる：

$$t = \frac{9900 - 10000}{300/\sqrt{30}} = -1.826.$$

4. **棄却ルールの決定**：この検定で使用する分布は自由度「$30 - 1 = 29$」のt分布となる．蛍光灯が 10000 時間よりも長く持てば今回の試験では問題はないため，短い方が 10000 時間より長いかどうかだけを検討すればよいので**片側検定**となる．
5. **結論**：MATLAB を用いて

```
>> x=tinv(0.05,29)
    x = -1.6991
```

が得られる．確率 95% に対応する場所は -1.6991 である．上の例で $t = -1.826$ は -1.6991 の外，棄却域にあるので，「有意水準 5% で，帰無仮説は棄却」される．これから，広告の「寿命 10000 時間」は修正せねばならない．製品の規格が最大 $\cdots$，最小 $\cdots$ と決められているような場合には，検定は両側で行われる（**両側検定**）．

以上では入力は標本の平均値および分散であった．正規分布するモデルを作るところから始めるとスクリプトは次のようになる．

─────────────────────────────────── MATLAB t 検定 ───

```
mu=10000;
n=30;
x_bar=9900;
s_bar=300;
R0=randn(n,1);
R0_mean=mean(R0);
R0_std=std(R0);
R=s_bar/R0_std*(R0-R0_mean)+x_bar;
fitdist(R,'Normal')
histfit(R)
tstat=(x_bar-mu)/(s_bar/sqrt(n))
[h,p,ci,tstat]=ttest(R,mu)
x=tinv(0.05,29)
```

- 標本数 $n = 30$，標本平均 $\bar{x} = 9900$，標本標準偏差 $\bar{s} = 300$ として標準正規分布から作った標本が R．平均値と標準偏差が所与のものになるよう調整している．

- `fitdist(R,'Normal')` により，分布 R のヒストグラムとそれに最適な正規分布および平均値と標準偏差を表示．`histfit` により描画．

- `[h,p,ci,tstat]=ttest(R,mu)` で t 検定を実行．p 値と検定結果 h を与える．`ci` は信頼区間，`tstat` は t 値．

7.3 さまざまな検定

7.3.1 適合度検定と独立性検定

適合度検定は，理論的に起こるであろう度数と実際に起きた度数を比較して，そのずれが有意であるかどうかの検定である．独立性検定では，2つ以上の分類基準を持つ集団に対して，その度数分布のクロス集計から複数の分類基準が独立かどうかを検定する．いずれも次に述べる多項分布に基礎をおいた χ^2 分布を用いた検定である．

(a) 多項分布

n 回の独立した試行が行われるとき，各回で $i=1,\cdots,m$ の数が無作為に選ばれる．i という数が選ばれる回数を x_i，確率変数としては X_i と書く．1回で i が出る確率は p_i であるとする $(p_1+p_2+\cdots+p_m=1,\ x_j=p_j n)$．これは2項分布を一般化したもので多項分布（multinomial distribution）という．このとき確率分布関数は

$$f(x_1,\cdots,x_m;n,p_1,\cdots,p_m) = \frac{n!}{x_1!\cdots x_m!}p_1^{x_1}\cdots p_m^{x_m}. \tag{7.17a}$$

周辺確率分布関数は次のようになる：

$$\begin{aligned}
f_{X_i}(x_i) &= \sum_{\substack{x_j(j\neq i),\\ \sum_j x_j=n-x_i}} f(x_1,\cdots,x_m;n,p_1,\cdots,p_m)\\
&= \frac{n!}{x_i!(n-x_i)!}p_i^{x_i} \sum_{\substack{x_j(j\neq i),\\ \sum_j x_j=n-x_i}} \frac{(n-x_i)!}{\prod_{j(\neq i)} x_j!}\prod_{j(\neq i)} p_j^{x_j}\\
&= \frac{n!}{x_i!(n-x_i)!}p_i^{x_i}(1-p_i)^{n-x_i}. \tag{7.17b}
\end{aligned}$$

これは2項分布である．これから

$$E[X_i]=np_i,\quad E[X_i^2]=np_i\{1-p_i(1-n)\},\quad V[X_i]=np_i(1-p_i) \tag{7.17c}$$

であることがわかる．同様な計算により

を得る．ただし

$$\sum_{i=1}^{m} X_i = n. \tag{7.17e}$$

観測度数 x_i，期待度数 np_i である新しい確率変数 Y_i $(i=1,\cdots,m)$

$$Y_i = \frac{X_i - np_i}{\sqrt{np_i}} \tag{7.17f}$$

を定義すると

$$E[Y_i] = 0, \quad V[Y_i] = E[Y_i^2] = 1 - p_i,$$
$$E[Y_iY_j] = \frac{1}{n\sqrt{p_ip_j}} E[(X_i - np_i)(X_j - np_j)] = -\sqrt{p_ip_j}$$

であること，したがって $n \to \infty$ のとき $Y_i \sim N(0, 1-p_i)$ であることがわかる．ただし Y_i は互いに相関があり，かつ式 (7.17e) により

$$\sum_{i=1}^{m} \sqrt{np_i}\, Y_i = 0 \tag{7.17g}$$

という拘束条件がある（自由度 $m-1$）．

ここで X_i の共分散行列 Σ を考えよう：

$$\Sigma = \begin{pmatrix} 1-p_1 & -\sqrt{p_1p_2} & \cdots & -\sqrt{p_1p_m} \\ -\sqrt{p_2p_1} & 1-p_2 & \cdots & -\sqrt{p_2p_m} \\ \vdots & \vdots & \vdots & \vdots \\ -\sqrt{p_mp_1} & -\sqrt{p_mp_2} & \cdots & 1-p_m \end{pmatrix}. \tag{7.17h}$$

これから直接[5]

$$\Sigma^2 = \Sigma$$

---

[5] m が小さければ，Σ の固有値，固有ベクトルを MATLAB のシンボリック演算によっても求められる．

であることが確かめられる.すなわち共分散行列 Σ は固有値 0 と 1 を持つ.
固有値 0 に対応する固有ベクトル $\boldsymbol{u}_0$ は

$$\boldsymbol{u}_0 = \begin{pmatrix} \sqrt{p_1} \\ \sqrt{p_2} \\ \vdots \\ \sqrt{p_m} \end{pmatrix} \tag{7.17i}$$

であることも直接確かめることができる.ただしこれは変数 $\sum_{i=1}^{m} \sqrt{p_i} Y_i$ に対応し,式 (7.17g) により確率変数としては考えなくてよい.固有値 0 の固有ベクトルは 1 つだけである.

次に固有値 1 の固有ベクトルを調べよう.こちらは $m-1$ 個,直接みつけることができ

$$\boldsymbol{u}_1 = \begin{pmatrix} -\frac{\sqrt{p_2}}{\sqrt{p_1}} \\ 1 \\ 0 \\ \vdots \\ 0 \end{pmatrix}, \quad \boldsymbol{u}_2 = \begin{pmatrix} -\frac{\sqrt{p_3}}{\sqrt{p_1}} \\ 0 \\ \vdots \\ 1 \\ 0 \end{pmatrix}, \cdots, \boldsymbol{u}_{m-1} = \begin{pmatrix} -\frac{\sqrt{p_m}}{\sqrt{p_1}} \\ 0 \\ \vdots \\ 0 \\ 1 \end{pmatrix} \tag{7.17j}$$

である.また $\boldsymbol{u}_0^T \boldsymbol{u}_j = 0$ $(j=1,\cdots,m-1)$ も直接確かめることができる.一方,$\boldsymbol{u}_i^T \boldsymbol{u}_j \neq \delta_{ij}$ $(i,j=1,\cdots,m-1,\ i\neq j)$ なので[6],必要ならばこれらから互いに直交するベクトルを再構成する.ここではこのままにして議論を進める方がよい.

式 (7.17j) のベクトルに対応する新しい確率変数は次の組である:

$$Z_k = Y_{k+1} - \sqrt{\frac{p_{k+1}}{p_1}} Y_1 \quad (k=1,2,\cdots,m-1). \tag{7.17k}$$

この $m-1$ 個の確率変数に対しては

$$E[Z_k] = 0, \quad V[Z_k] = 1, \quad E[Z_k Z_l] = 0 \tag{7.17l}$$

---

[6] $\delta_{\alpha\beta}$ はクロネッカーのデルタと呼ばれ $\alpha=\beta$ のとき 1,それ以外では 0 となる.

となることがわかる．したがって $n \to \infty$ では

$$Z_k \sim N(0,1), \quad Z_k^2 \sim \chi^2$$

となる．以上により

$$E[Y_1^2 + Y_2^2 + \cdots + Y_m^2] = E[Z_2^2 + Z_3^2 + \cdots + Z_m^2] \tag{7.17m}$$

であり

$$Y_1^2 + Y_2^2 + \cdots + Y_m^2 \sim (m-1)\chi^2$$

となる．

(b) 適合度検定

理論的に起こるであろう度数と実際の度数を比較して，有意な差があるかどうかを検定する．例を考えよう．

適合度検定の例：くじの偏りの有無　くじとして5つのA, B, C, D, E賞が等確率で当たるものを用意した．100人がくじを引いた実際の結果がA：25人，B：21人，C：18人，D：13人，E：23人となった．有意水準5％で適合度検定をしてみよう．帰無仮説は「この配分には偏りはない」，対立仮説は「この配分には偏りがある」である．

期待度数を e_i, 観測度数を f_i $(i=1,\cdots,5)$ とする．式 (7.17f) の確率変数を用いて適合度を検定しよう．

$$T = \sum_{i=1}^{5} \frac{(f_i - e_i)^2}{e_i} \tag{7.18}$$

が統計計算量となる．$\sum f_i = $ 一定であるから T は自由度 $(5-1)=4$ の χ^2 分布に従う．今の例では

$$T = \frac{(25-20)^2}{20} + \frac{(21-20)^2}{20} + \frac{(18-20)^2}{20} + \frac{(13-20)^2}{20} + \frac{(23-20)^2}{20}$$
$$= 4.4$$

である．一方，chi2inv(0.95,4)=9.4877 である．$T = 4.4 < 9.4877$ であり，棄却域には出ていないので，帰無仮説は棄却されない．よって，観測度数は 95% の有意水準で公正な配分となっている，すなわち適合していると結論づけられる．

以上を計算するスクリプトを与えておこう．

--- MATLAB 適合度検定

```
p_i=[1/5,1/5,1/5,1/5,1/5];
x_i=[25,21,18,13,23];
xe=sum(x_i)*p_i;
T=((x_i-xe).^2).*(1./xe)
Ttot=sum(T)
x=chi2inv(0.95,4)
Ttot<x
```

一定数 m 個のビンにどのような数だけ収納されているかを検討するという立場で，n が十分大きければ，この方法は任意の分布をする確率変数に対する適合度検定として用いることができる．

(c) 独立性検定

独立性の検定では，2 つ以上の分類基準を持つクロス集計表で，複数の分類基準が独立かどうかを検定する．独立であると仮定した場合の分布と実際の分布の間の適合度を検定する．

独立性検定の例：メンデルの遺伝の法則（独立の法則） メンデル（Gregor Johann Mendel, 1822-1884）の遺伝の法則に関する論文は，英訳したものを
http://www.esp.org/foundations/genetics/classical/gm-65.pdf
でみることができる．

メンデルのエンドウ豆の分類は 2 つの性質，（丸い種子 a, しわ種子 b）と（黄色子葉 α, 緑色子葉 β）を何世代かにわたって育て純粋化した後に行われた[7]．得られた 556 個の種子の持つ 2 つの性質に関して，メンデルは

---

7) 丸黄色の種子を付ける株を母親とし，しわ緑色の種子を付ける株を父親としてできた丸黄色種子を付ける株を自殖して孫世代を作った．ここで丸と黄色の性質が顕性（優性），しわと緑色

次のクロス集計表を得た：

	α(黄)	β(緑)	
a (丸)	$x_{a\alpha}$	$x_{a\beta}$	x_a
b (しわ)	$x_{b\alpha}$	$x_{b\beta}$	x_b
	x_α	x_β	x

$=$

315	108	423
101	32	133
416	140	556

. (7.19)

x_a, x_b は分類 (a, b) での分布数，x_α, x_β は分類 (α, β) での分布数で x は総数．一方，$[a, b]$ および $[\alpha, \beta]$ が<u>独立であるとき</u>の理論値は

$$x_{a\alpha}^0 = x\{(x_a/x) \times (x_\alpha/x)\}, \quad x_{a\beta}^0 = x\{(x_a/x) \times (x_\beta/x)\},$$
$$x_{b\alpha}^0 = x\{(x_b/x) \times (x_\alpha/x)\}, \quad x_{b\beta}^0 = x\{(x_b/x) \times (x_\beta/x)\}$$

と計算される[8]．これに対して $(m_{ab}-1)(m_{\alpha\beta}-1) = (2-1)(2-1) = 1$ 自由度の χ^2 検定を行う．$[a, b]$, $[\alpha, \beta]$ の両方について総和が x という条件がついているためである．

これから次の結果を得る：

$$\chi^2 = \sum_{i=a,b} \sum_{j=\alpha,\beta} \frac{(x_{ij} - x_{ij}^0)^2}{x_{ij}^0}$$
$$= 0.0070 + 0.0208 + 0.0223 + 0.0662 = 0.1163.$$

よって，2つの性質は独立であるという仮説は 95% の水準のうちにあり，棄却されない．

MATLAB を用いて，これらを計算するスクリプトを与えておこう．ここではクロス集計表が与えられたところから始める．

の性質が潜性（劣性）である．メンデルがこの 2 つの性質に注目したのは，長い年月をかけた観察の結果であろう．
[8] いろいろな場合の x_{ij}^0 について，最尤法の 9.4.2(b) 項でもう一度議論する．

―― MATLAB 独立性のための χ^2 検定 1 ――
```
x=[315 108; 101 32];
tot=sum(x,"all");
x=[x sum(x,2); sum(x,1) tot];
for i=1:2
  for j=1:2
    x0(i,j)=x(i,3).*x(3,j)/tot;
  end
end
x0=[x0 sum(x0,2);sum(x0,1) tot];
for i=1:2
  for j=1:2
    aChi2(i,j)=(x(i,j)-x0(i,j))^2/x0(i,j);
  end
end
totaChi2=sum(aChi2,"all")
     totaChi2 = 0.1163
p=1-chi2cdf(totaChi2,1)
     p = 0.7330
x = chi2inv(0.95,1)
     x = 3.8415
```

- x はクロス集計表．sum(x, "all") は行列 x の全要素の和．

- sum(x,2) は x の各行の要素の和を縦ベクトルとして返す．sum(x,1) は x の各列の要素の和を横ベクトルとして返す．x0 は 2 つの分類基準が独立である場合のクロス集計表．

この結果，$\chi^2 = 0.1163$ は 95% の水準の内側に位置していることがわかる．この値より外側にある確率を検定の **p 値** (p-value) と呼ぶ．ここでは $p = 0.73$ であるからこの仮説を棄却すれば可能性の過半を棄却することになる．以上により $[a,b]$ と $[\alpha,\beta]$ が独立であるという仮説は棄却されない（95% の棄却域は $x \geq 3.8415$）．

独立性検定の例：喫煙習慣と性別 MATLAB の独立性検定のスクリプトとしては，統計データから計算するものが用意されている．これを次頁に示す．

```
                                          ─── MATLAB 独立性のための χ² 検定 2 ─
load hospital
hospital % データ hospital の中身を見る.
Tbl=dataset2table(hospital);
[conttbl,chi2,p]= crosstab(Tbl.Sex,Tbl.Smoker)
conttbl
      conttbl =
           40    13
           26    21

      chi2  =   4.5083

      p     =   0.0337
x=[0:.1:10]; y=chi2pdf(x,1);
plot(x,y,'-k','LineWidth',1.5);grid on;hold on
xlabel(' x ','FontSize',15); ylabel(' 確率分布関数 ','FontSize',15)
```

- ここでは MathWorks 社が提供する hospital というデータを用いる. 性別の部分を取り出したものが Tbl.Sex, 喫煙の有無が Tbl.Smoker である. 内容はある病院の患者の男女別と喫煙習慣の有無, その他のデータ. 男:女 =53:47, 喫煙者:非喫煙者 =66:34 である.

- crosstab(x1,x2) は同じ長さの 2 つのベクトル $x1$ と $x2$ のクロス集計 tbl を返す. ここでは, crosstab でデータ中の性別および喫煙習慣に関するデータのクロス集計表を作成し, 独立性に関する χ^2 検定を行い, その結果を返す. chi2 は χ^2 の値, p は検定の p 値.

図 7.5 により,「性別と喫煙習慣は独立である」という仮説が, 仮説の蓋然性から外れているかがわかる. 言い換えると, 女性の喫煙習慣は有意に少ないということを示している.

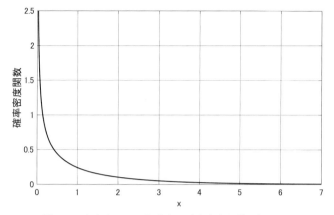

図 7.5 自由度 1 の χ^2 分布の確率密度関数 $\chi^2(x;1)$.

メンデルの実験結果に対するフィッシャーによる論評

　メンデルの発見はその難解さから，1865 年の発表時から多くの批判にさらされた．さらにメンデル自身が，論文発表後，ブルノ聖トーマス修道院院長としての仕事に忙殺され，研究に十分な時間と精力を注ぐことができなくなって 1884 年に亡くなった．1900 年に 3 人の研究者による独自の研究が発表され，それがメンデルの研究結果と完全に一致することが認められた（メンデルの法則の再発見）．

　R. フィッシャーは *Annals of Science*, **1**, 115-137 (1936) で，メンデルのデータが「理論値に一致しすぎている」と論評した．さらに彼はメンデルが発表したすべてのデータを対象に χ^2 検定を行い，メンデルの結果より理論値に近くなる確率は 0.00007 であると述べた．それ以来，さらにさまざまな検討がなされて現在に至るが，不正があったといえる証拠はなく，一方で，なぜこれほど理論値に近い一致が得られたかという皆が納得できる説明も見出されていないようである．メンデルの周到な準備と数学的解析力および人知を超えた天才を示しているのかもしれない．

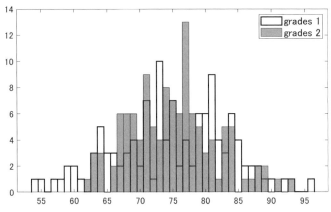

図 7.6 2つのクラスの成績データ examgrades についてのヒストグラム.

7.3.2 2つの母集団の同一性の検定

2つあるいはそれ以上の母集団を比較するために統計解析をすることも多い．たとえば薬物がどのように効くかについて，集団を病歴，性別，年齢などで分けて試験する，あるいは異なる工場で生産した製品に優劣があるかを比較するなどである．

MathWorks 社が提供するデータ examgrades には2つのクラスの成績結果が与えられている．この例を使って，平均値，分散について具体的な検討を進めることにしよう．まずデータをダウンロードし，その中身をみてみよう．ヒストグラムを書き，平均値と標準偏差を計算するスクリプトは次頁に，度数表グラフ（ヒストグラム）は図 7.6 に示す.

―――――― MATLAB 2つのグループの成績の平均値，標準偏差，ヒストグラム ――――――
```
load examgrades;
mean(grades(:,1))
    ans = 75.0083
std(grades(:,1))
    ans = 8.7202
mean(grades(:,2))
    ans = 74.9917
std(grades(:,2))
    ans = 6.5420
histogram(grades(:,1));hold on
histogram(grades(:,2));hold on
```

(a) 母平均の差の検定

(1) 2つの母集団の分散が等しいと仮定できる場合：2標本 t 検定

2つの独立した母集団から抽出した標本の平均値パラメータを比較し，2つの母集団に差があるかどうかを検定するためには，**2標本 t 検定**を用いる．標本平均を $\bar{x}$, $\bar{y}$, 標本標準偏差を $\bar{s}_x$, $\bar{s}_y$（標本）標準偏差，標本サイズを n, m とする．母分散は不明であるので，このときの検定統計量は

$$t = (\bar{x} - \bar{y})/\sqrt{(1/n + 1/m)\bar{s}^2},$$
$$\bar{s}^2 = \{(m-1)\bar{s}_x^2 + (n-1)\bar{s}_y^2\}/(m+n-2)$$

と選ぶ．MATLAB のスクリプトは次のようになる．

―――――――――――― MATLAB 2つのグループの平均値の t 検定 1 ――――――――――――
```
load examgrades
[h,p]=ttest2(grades(:,1),grades(:,2),'Vartype','equal')
    h = 0
    p = 0.9867
```

- ttest2は2標本 t 検定．2つの集団の母分散が等しいと仮定する場合には，「'Vartype','equal'」は省略できる．

- 戻り値 h = 0 は，ttest2 が既定の有意水準 5% で帰無仮説を棄却しな

いことを示している．p はこのときの p 値：ここでは $p>0.05$.

(2) 2 つの母集団の分散が等しいと仮定しない場合：ウェルチの t 検定

2 つの標本は分散が等しい母集団から派生していると仮定しない場合，自由度 ν の**ウェルチ**（Welch）の **t 検定**を行う．検定統計量は

$$t = (\bar{x} - \bar{y})/\sqrt{\bar{s}_x^2/n + \bar{s}_y^2/m}$$

と選ぶ．自由度 ν は複雑な形であるが，次の文献で与えられている．
B. L. Welch, *Biometrika*, **29**, 350-362, (1938).

帰無仮説は「2 つのデータ標本は等しい平均値を持つ母集団から派生している」というものである．MATLAB のスクリプトは次のようになる．こちらでは「'Vartype', 'unequal'」を指定．

―――――――――― MATLAB 2 つのグループの平均値の t 検定 2 ――
```
load examgrades
[h,p]=ttest2(grades(:,1),grades(:,2),'Vartype','unequal')
    h = 0
    p = 0.9867
```

(b) 母分散の比の検定：2 標本 F 検定

2 つの母分散が等しいかどうかという仮説検定は，母平均の差の検定に進む前提となる．基本は式 (3.12) であり，2 つの標本の分散の比を統計量として，F 分布の検定（**2 標本 F 検定**）を行う．帰無仮説は，「同じ分散を持つ正規分布である」というものである．

データ examgrades で与えられている 2 つのクラスの成績データの値の分散が等しいかどうかを検討する．MATLAB のスクリプトを与えよう．

```
MATLAB 2つのグループの分散が等しいかどうか
load examgrades;
[h,p,ci,stats]=vartest2(grades(:,1),grades(:,2))
    h = 1
    p = 0.0019
    ci =
       1.2383
       2.5494
    stats =
       fstat : 1.7768
         df1:   119
         df2:   119
x=0:0.01:2;
y=fpdf(x,119,119);
plot(x,y,'k','LineWidth',1.5);grid on
```

- vartest2 は F 分布を用いた 2 標本 F 検定.

- fpdf(x,v1,v2) は，分子の自由度を $\nu 1$(v1)，分母の自由度を $\nu 2$(v2) として，変数 x の F 分布確率密度関数を与える.

- 返された結果の h=1 は，vartest2 が既定の有意水準 5% で帰無仮説を棄却することを示している．このときの p 値は $p = 0.0019$ となっていて，棄却域に入っていることを示している．また式 (3.12) から

$$\text{fstat} = \frac{8.7202^2/119}{6.5420^2/119} = 1.7768$$

であることが確かめられ，stats が検定対象の分散の比を与えていることが確かめられる.

- 対応する F 分布を図 7.7 に示す．1.7768 は分布の裾に対応することが確認される.

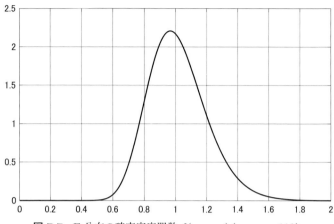

図 7.7 F 分布の確率密度関数 $f(x;n,m)$ $(n=m=119)$.

第8章 ベイズ統計

統計的推論をするときに「ベイズの定理」を基本的方法論として用いるのがベイズ統計である．ベイズ統計では，情報の推論を更新しながら結果の精度を上げるという操作を繰り返していくので機械学習やモデリングとの相性もよく，それらの基礎となっている．

8.1 ベイズ統計の考え方

8.1.1 ベイズ統計とは
(a) 条件付確率とベイズの定理

統計を利用する立場では，観測事実から，その原因事象について確率的な意味で推論する．その推論をするときに「ベイズの定理」を基本的な方法論として用いる立場をベイズ統計学（Bayesian statistics）という．

従来の立場でいえば事象 B_i の確率 $P(B_i)$ はすでに決まっているもので，それを議論する意味はない．しかし実際には（そしてベイズ統計の立場からは），$P(B_i)$ 自体が観測によって知られるものであるから，後から得られる情報により修正されるべきである．そのような見方に立って，実験や観測により精度の高いデータを収集し，それらによって確率を改訂する（ベイズ更新）という新しい科学的方法が注目されている．

(b) 条件付確率を用いた推論：モンティ・ホール問題

多くの人の直感と反する（だろう）有名なモンティ・ホール問題（Monty Hall problem）を紹介しよう．この問題は，もともとはスティーブ・セルビン（Steve Selvin, 1941 －）が 1975 年に *The American Statistician*, vol.29 の Letters to the Editor 欄の p.67 および p.134 に投稿し，問題と解を与

えたものである．有名なモンティ・ホールの TV ゲームショー番組「Let's Make a Deal」の形を模して書かれたので，この名前で呼ばれている．さらに 1990 年にニュース雑誌 *Parade* のコラム欄「Ask Marilyn」で，読者からの質問に答える形で Marilyn vos Savant により取り上げられて大きな議論を巻き起こした．このときの問題は次のとおりである．

> あなたの前に閉じた 3 つの扉（A, B, C）があって，1 つの扉の後ろには新車があり，2 つの扉の後ろには山羊がいる．あなたは新車の扉を当てれば新車がもらえる．あなたがどれかの扉を選択した後，司会者が残りの扉のうち山羊のいる扉の 1 つを開けて見せる．ここであなたは，最初に選んだ扉を，開けられていないもう 1 つの扉に変更してもよいといわれる．あなたは扉を変更すべきだろうか？

注意すべき点は，挑戦者が選んだ扉 A の後ろに車がある場合には残り 2 つからの司会者の選択は無作為であり，一方挑戦者が選んだ扉 A の後ろに車がない場合には司会者が開ける扉は 1 つしかないということである．

多くの人の直感的選択は「変えても変えなくても車が当たる確率は変わらない」というものであろう．一方で正解は「扉を変えれば車が当たる確率は 2 倍になるので変えるべきである」というものである．

今の場合，最初に扉の後ろに車がある確率（事前確率）を

扉 A の後ろに車がある確率を $P_X(\mathrm{A})$

扉 B の後ろに車がある確率を $P_X(\mathrm{B})$

扉 C の後ろに車がある確率を $P_X(\mathrm{C})$

と書く．具体的には $P_X(\mathrm{A}) = P_X(\mathrm{B}) = P_X(\mathrm{C}) = 1/3$ である．

原因となる事象 X_i を条件としたときの結果の事象 Y_j の確率を $P_{Y|X}(Y_j|X_i)$，結果となる事象を条件としたときの原因の事象の確率を $P_{X|Y}(X_i|Y_j)$ と書くことにする．

条件付確率 $P_{Y|X}(Y_j|X_i)$ を表にしよう．

$P_{Y|X}$(結果の事象 Y_j | 原因の事象 X_i)

	原因 $X_1 =$ A	原因 $X_2 =$ B	原因 $X_3 =$ C
	$P_X($A$) = 1/3$	$P_X($B$) = 1/3$	$P_X($C$) = 1/3$
結果 $Y_1 =$ A	$P_{Y|X}($A$|$A$) = 0$	$P_{Y|X}($A$|$B$) = 0$	$P_{Y|X}($A$|$C$) = 0$
結果 $Y_2 =$ B	$P_{Y|X}($B$|$A$) = 1/2$	$P_{Y|X}($B$|$B$) = 0$	$P_{Y|X}($B$|$C$) = 1$
結果 $Y_3 =$ C	$P_{Y|X}($C$|$A$) = 1/2$	$P_{Y|X}($C$|$B$) = 1$	$P_{Y|X}($C$|$C$) = 0$

MATLABで書くならスクリプトは次のようになる．

──────── MATLAB モンティ・ホール問題 ────────

```
P_cause=[1/3,1/3,1/3];
P_posterior1=[0, 0, 0];
P_posterior2=[0.5, 0, 1];
P_posterior3=[0.5, 1, 0];
tab=[P_cause;P_posterior1;P_posterior2;P_posterior3]
   tab = 4×3
      0.3333    0.3333    0.3333
           0         0         0
      0.5000         0    1.0000
      0.5000    1.0000         0
```

条件付確率の式から次式が成り立つ：
$$P_Y(Y_j) = \sum_k P_{Y|X}(Y_j|X_k) P_X(X_k). \tag{8.1a}$$

挑戦者が扉 A を選んだ後に行われる動作の確率を

　司会者が扉 A を開ける確率を $P_Y($A$)$

　司会者が扉 B を開ける確率を $P_Y($B$)$

　司会者が扉 C を開ける確率を $P_Y($C$)$

と書けば，式 (8.1a) より次のとおりである：
$$P_Y(\text{A}) = 0, \quad P_Y(\text{B}) = \frac{1}{2}, \quad P_Y(\text{C}) = \frac{1}{2}.$$

```
─────────────────────── MATLAB モンティ・ホール問題 つづき 1 ─
P_1=P_posterior1*P_cause'
    P_1 = 0
P_2=P_posterior2*P_cause'
    P_2 = 0.5000
P_3=P_posterior3*P_cause'
    P_3 = 0.5000
```

条件付確率（事後確率）は

$$P_{X|Y}(X_i|Y_j) = \frac{P_X(X_i)P_{Y|X}(Y_j|X_i)}{P_Y(Y_j)} = \frac{P_X(X_i)P_{Y|X}(Y_j|X_i)}{\sum_k P_{Y|X}(Y_j|X_k)P_X(X_k)} \quad (8.1\text{b})$$

を用いて求めれば，事後確率の結果は次のようになる：

$$P_{X|Y}(\mathrm{A}|\mathrm{B}) = \frac{1}{3}, \quad P_{X|Y}(\mathrm{B}|\mathrm{B}) = 0, \quad P_{X|Y}(\mathrm{C}|\mathrm{B}) = \frac{2}{3},$$
$$P_{X|Y}(\mathrm{A}|\mathrm{C}) = \frac{1}{3}, \quad P_{X|Y}(\mathrm{B}|\mathrm{C}) = \frac{2}{3}, \quad P_{X|Y}(\mathrm{C}|\mathrm{C}) = 0.$$

$P_Y(\mathrm{A}) = 0$ であるから $P_{X_i|Y=A} = 0$ である（上の式では書いていない）．

```
─────────────────────── MATLAB モンティ・ホール問題 つづき 2 ─
P_prier2=P_posterior2.*P_cause/(P_posterior2*P_cause')
    P_prier2 = 1 × 3
        0.3333        0        0.6667
P_prier3=P_posterior3.*P_cause/(P_posterior3*P_cause')
    P_prier3 = 1 × 3
        0.3333     0.6667        0
```

　以上から，挑戦者が扉の選択を変更しないときに扉 A の後ろに車がある確率は $P_{X|Y}(\mathrm{A}|\mathrm{B}) = P_{X|Y}(\mathrm{A}|\mathrm{C}) = 1/3$，挑戦者が扉の選択を変更するときに扉 B または扉 C の後ろに車がある確率は $P_{X|Y}(\mathrm{B}|\mathrm{C}) = P_{X|Y}(\mathrm{C}|\mathrm{B}) = 2/3$ となることがわかる．すなわち扉の選択を変えれば当たりの確率が倍になることになるので，選択を変更すべきであるという結論を得る．

8.1.2 ベイズの定理と事前確率,事後確率
(a) ベイズの定理

一般に原因となる事象は複数 $(B_1, B_2, \cdots, B_k)$ ある.Ω を事象全体の集合とし,また $\bigcup_{i}^{k} B_i = \Omega$ であるならば,それらが互いに**排他的**事象 $(B_i \cap B_j = \emptyset, i \neq j)$ であるとき $A = \bigcup_{i=1}^{k}(A \cap B_i)$ であり,それから

$$P(B_i|A) = \frac{P(A|B_i)P(B_i)}{\sum_{j=1}^{k} P(A|B_j)P(B_j)} \tag{8.2}$$

を得る.これを**ベイズの定理**(ベイズの公式)という.また $P(B_i)$ を事象 B_i の**事前確率**,$P(B_i|A)$ を**事後確率**という.$P(A|B_i)$ を**尤度**(likelihood)といい,期待値の尤もらしさの指標となる.

これが議論の出発点である.条件付確率については 1.4 節で議論した.モンティ・ホール問題とは少し異なった事象(原因の事象と結果の事象)を紹介しよう.

「不良品」の問題 ある製品を a, b, c の 3 つの工場で 50%,30%,20% の割合で作っている.それぞれの工場で不良品が混ざる割合は,それぞれの 0.1%,0.2%,0.5% であるとする.1 つの製品が不良品である事象を A,1 つの製品が a, b, c の工場で作られる事象を a, b, c と書けば,a 工場で作られたものが不良品である確率は $P(A|a)$ と書かれる.

$$P(a) = 0.5,\ P(b) = 0.3,\ P(c) = 0.2,$$
$$P(A|a) = 0.001,\ P(A|b) = 0.002,\ P(A|c) = 0.005.$$

これを表にすれば

	原因 a	原因 b	原因 c
	$P(a)$	$P(b)$	$P(c)$
結果 A	$P(A|a)$	$P(A|b)$	$P(A|c)$
結果 A^c	$P(A^c|a)$	$P(A^c|b)$	$P(A^c|c)$

=

	工場 a	工場 b	工場 c
	0.5	0.3	0.2
不良品	0.001	0.002	0.005
良品	0.999	0.998	0.995

となる.

取り出した製品が不良品である確率は

$$\sum_{v=a,b,c} P(A \cap v) = \sum_{v=a,b,c} P(v)P(A|v)$$
$$= P(a)P(A|a) + P(b)P(A|b) + P(c)P(A|c)$$
$$= 0.5 \times 0.001 + 0.3 \times 0.002 + 0.2 \times 0.005 = 0.0021$$

となる．また1つの不良品があったとき，それが a, b, c 工場製である確率は

$$P(a|A) = \frac{P(a)P(A|a)}{\sum_{v=a,b,c} P(v)P(A|v)} = \frac{0.0005}{0.0021} = 0.2381,$$
$$P(b|A) = \frac{P(b)P(A|b)}{\sum_{v=a,b,c} P(v)P(A|v)} = \frac{0.0006}{0.0021} = 0.2857,$$
$$P(c|A) = \frac{P(c)P(A|c)}{\sum_{v=a,b,c} P(v)P(A|v)} = \frac{0.001}{0.0021} = 0.4762$$

となる．

1つの不良品があったとき，それが a, b, c 工場製である確率を計算するためのMATLABスクリプトは次のようになる．

―――― MATLAB 条件付確率：不良品 ――――

```
P_cause=[0.5,0.3,0.2];
P_posterior1=[0.001,0.002,0.005];
P_posterior2=[0.999,0.998,0.995];
tab=[P_cause;P_posterior1;P_posterior2]

   tab = 3 × 3

      0.5000    0.3000    0.2000
      0.0010    0.0020    0.0050
      0.9990    0.9980    0.9950

P_prier1=P_posterior1.*P_cause/P_posterior1*P_cause'

   P_prier1 = 1 × 3

      0.2381    0.2857    0.4762

P_prier2=P_posterior2.*P_cause/P_posterior2*P_cause'

   P_prier2 = 1 × 3

      0.5006    0.3000    0.1994
```

8.1 ベイズ統計の考え方

「臨床検査による擬陽性」の問題 冬のインフルエンザの流行に備え，検査をした．検査をして陽性になる事象を A，罹病する事象を B とする．また罹病する割合が $P(B)=0.01$ であるとし，罹病した場合に検査で陽性になる確率は $P(A|B)=0.99$，罹病していないのに陽性になる確率を $P(A|B^c)=0.05$ とする．検査で陽性になった人の中で罹病している人の割合 $P(B|A)$ は

$$P(B|A) = \frac{P(A|B)P(B)}{P(A|B)P(B)+P(A|B^c)P(B^c)} = \frac{0.99\times 0.01}{0.99\times 0.01+0.05\times 0.99}$$
$$= 0.1667$$

である．陽性の人のうち実際に罹病している割合 0.167 は，事前確率 $P(B)=0.01$ より大幅に増えているので，検査による患者の絞り込みは有効であるといえる．今の議論に必要な部分だけでスクリプトを構成すれば次のようになる：

――――――――――――――――――――――― MATLAB 臨床検査による擬陽性 ―

```
P_cause=[0.01,0.99];
P_posterior=[0.99, 0.05];
P_prier=P_posterior.*P_cause/(P_posterior*P_cause')
    P_prier = 1 × 2
        0.1667    0.8333
```

大流行が発生して事前確率が $P(B)=0.2$ になったとする．この場合には

$$P(B|A) = \frac{0.99\times 0.2}{0.99\times 0.2+0.05\times 0.8} = 0.8319$$

となる．すなわち大流行になれば検査による絞り込みの有効性は格段に増す．これを計算するには上のスクリプトで原因の確率を次のように変えればよい．

```
        P_cause=[0.20,0.80];
```

「迷惑メール判定」の問題 過去の調査から迷惑メールはメール全体の 50%

を超えるという．仮に迷惑メール（B）の割合を $P(B) = 0.55$ としよう（事前確率）．迷惑メールの 30% は「キャンペーン」という語を含む（A）とする；$P(A|B) = 0.3$．また一般メールが「キャンペーン」という語を含む割合は 2% とする；$P(A|B^c) = 0.02$．「キャンペーン」という語を含むメールが迷惑メールである確率（事後確率）は

$$P(B|A) = \frac{0.3 \times 0.55}{0.3 \times 0.55 + 0.02 \times 0.45} = 0.9483$$

である．よって「キャンペーン」という語を含むものは迷惑メールと考えて遮断して差し支えない．スクリプトを次に示しておこう．

―――― MATLAB 迷惑メール判定 ――――

```
P_cause=[0.55,0.45];
P_posterior=[0.3, 0.02];
P_prier=P_posterior.*P_cause/(P_posterior*P_cause');
P_prier(1)
    ans = 0.9483
```

― トーマス・ベイズ ―

　ベイズの定理は，長老派牧師で数学者であったベイズ（Thomas Bayes, 1701 または 1702-1761）の業績を，その死後 1763 年に，彼の友人の数学者で生命保険の考え方の創始者の一人であるプライス（Richard Price, 1723-1791）が紹介した下記の論文が出発点となっているという．

T. Bayes, Phil. Trans. R. Soc. Lond., **53** (0), 370-418 (1763).

　これを，今日見るような形のベイズの定理にまとめ，さらに発展させたのはラプラスである．

　松原望「ベイジアンの源流――トーマス・ベイズをめぐって」『オペレーションズ・リサーチ』**28**, 432-438 (1983) は，プライスの論文に記されたベイズの定理からラプラスによるベイズの定理に至る道筋および以降の受容についての優れた解説である．

(b) 事前分布，事後分布，尤度関数

確率を定義している空間が多次元空間であると考えれば，式 (8.2) はそのまま確率密度関数に対しても成り立つことは容易に理解できる．ただし θ は原因となる確率変数，x は結果となる確率変数とする．

$$p(\theta|x) = \frac{f(x|\theta)p(\theta)}{\int_\theta f(x|\theta)p(\theta)\mathrm{d}\theta}. \tag{8.3}$$

ここで $p(\theta)$ は θ の事前分布，$p(\theta|x)$ を事後分布といい，条件付確率 $f(x|\theta)$ を尤度関数，$\int_\theta f(x|\theta)p(\theta)\mathrm{d}\theta$ を周辺尤度という．

8.2 ベイズ推定とベイズ更新

病気の罹患率を例としてベイズ推定とベイズ更新について議論しよう．

病気の罹患率の問題：問題の設定

ある病気の患者は 1 万人に 2 人（0.02％）である．この病気の検査では罹患者に関して，90％ の精度で実際に罹患しているかどうかを判定できる．ただしこの検査では非罹患者に対して 1.5％ の確率で罹患者である（擬陽性）との判定が出てしまう．

8.2.1 ベイズ推定

最初の医療検査

この検査で陽性と出た患者が，真の罹患者である確率を計算しよう．ここで検査で陽性と出る事象を A と書き，実際にこの病気に罹患している事象を D と書く．事前確率としては，検査の有無にかかわらず罹患している確率 $P(D)$ をとる．事前確率，条件付確率は

$$P(D) = 0.0002, \quad P(A|D) = 0.9, \quad P(A|D^c) = 0.015$$

である．D^c は非罹患の意味である．以上から

$$\begin{aligned}P(A) &= P(D)P(A|D) + P(D^c)P(A|D^c)\\ &= 0.0002 \times 0.9 + 0.9998 \times 0.015 = 0.0152\end{aligned}$$

である．これらを用いると，事後確率 $P(D|A)$ として

$$P(D|A) = \frac{P(D)P(A|D)}{P(D)P(A|D) + P(D^c)P(A|D^c)}$$
$$= \frac{0.0002 \times 0.9}{0.0002 \times 0.9 + 0.9998 \times 0.015} \simeq 0.0119$$

を得る.

以上の例に見るように，ベイズの定理を積極的に使った統計的推定法を**ベイズ推定**（Bayesian inference）という．

8.2.2 ベイズ更新
2回目，3回目の再検査

最初の検査では，陽性と出ても実際に罹患している可能性は 1.19% と低い．そのため，1回目の検査で陽性反応が出た患者に対して，治療を開始する前に，もう一度同じ検査をする必要があると判断した．

2回目の検査では，患者の事前確率は変わり，前回の事後確率である 0.0119 となる．2回目の検査でも陽性となった場合に罹患している確率（事後確率）は，1回目と同様に計算される．

$$P(D|A) = \frac{P(D)P(A|D)}{P(D)P(A|D) + P(D^c)P(A|D^c)}$$
$$= \frac{0.0119 \times 0.9}{0.0119 \times 0.9 + 0.9881 \times 0.015} = 0.4184.$$

患者が2回目の検査でも陽性だった場合には，罹患している確率は 42% まで上がる．

もう一度検査を重ねて，3回目も陽性であったらどうなるだろう．そのとき，事前確率は 0.4184 であり，3回目の陽性判定の結果，事後確率は

$$P(D|A) = \frac{P(D)P(A|D)}{P(D)P(A|D) + P(D^c)P(A|D^c)}$$
$$= \frac{0.4184 \times 0.9}{0.4184 \times 0.9 + 0.5816 \times 0.015} = 0.9774$$

となる．残念ながらこの患者は確実に罹患していると判定し，速やかに治療を開始する必要がある．

この例のように，ベイズの定理を使用して事後分布を更新する手続きをベ

イズ更新（Bayesian updating）という．

8.3 マルコフ連鎖モンテカルロ法を用いた統計モデリング

8.3.1 ランダム・ウォーク

1827年にイギリスの植物学者ロバート・ブラウンが，水に浮かべて破裂した花粉から流れ出た微粒子を顕微鏡下で観察中に，これら微粒子が不規則に運動することを見出した．これがブラウン運動である．

時刻 t に伴う確率変数を $\{X_t\}$ と書くとき，確率変数が離散的 ($t=1, 2, \cdots$) であるときこれを離散的確率過程といい，確率変数が連続的 ($t=$ 連続する実数) であるときこれを連続的確率過程といい区別する．また変動の原因となる確率事象により異なる名前で呼ばれる（たとえば，離散マルコフ過程と連続マルコフ過程）．

ランダム・ウォークとは，X_{n+1} が X_n と確率的に無作為に決まるもので，酔歩とも呼ばれる．もう少し正確にいうなら，確率変数 X_i が

$$X_i = 1 \,(\text{確率 } p), \quad X_i = -1 \,(\text{確率 } q = 1-p) \tag{8.4a}$$

であるときの

$$S_n = X_1 + X_2 + \cdots + X_n \tag{8.4b}$$

をいう．

これについては2項分布の項で議論したように，

$$E[X_k] = p \cdot 1 + q \cdot (-1) = p - q, \tag{8.5a}$$

$$V[X_k] = p \cdot \{1-(p-q)\}^2 + q \cdot \{-1-(p-q)\}^2 = 4pq \tag{8.5b}$$

および

$$E[S_n] = n(p-q) = n(2p-1), \tag{8.5c}$$

$$V[S_n] = 4npq = 4np(1-p) \tag{8.5d}$$

である．

S_n がある一定の長さ $S_n = x$ となる確率を求めよう．n 個の確率変数

$\{X_k\}$ が $+1$ である個数を r, -1 である個数を ℓ とする．このとき $r+\ell=n$, $r-\ell=x$ であるから，

$$r = \frac{n+x}{2}, \quad \ell = \frac{n-x}{2}$$

であり，$n+x=$ 偶数 かつ $-n \leq x \leq n$ のとき

$$P(S_n = x) = {}_nC_{\frac{n+x}{2}} p^{\frac{n+x}{2}} q^{\frac{n-x}{2}}. \tag{8.6}$$

これ以外のとき $P(S_n = x) = 0$ を得る．

ランダム・ウォークは 1, 2, 3 次元の空間において，再帰性（出発点に戻るかどうか，あるいは戻るまでの時間）に大きな違いをみせる．証明は行わないが結果のみを記しておく．

- 1 次元ランダム・ウォーク：原点から出発して原点に戻る確率は $1-|p-q|$ である．したがって再帰的であるための必要十分条件は $p=q=1/2$ である．ただし再帰時間は有限とは限らない（これ自身が確率変数になっている）．

- $p=q=1/2$ である 2 次元ランダム・ウォーク：再帰的である．

- $p=q=1/2$ である 3 次元ランダム・ウォーク：非再帰的である．

1 次元および 2 次元ランダム・ウォークを得るスクリプトを下に示し，結果を図 8.1 に示す．ともに $p=1/2$ の場合であることに注意せよ．

―――― MATLAB 1 次元ランダム・ウォーク ――――
```
figure
n=100000;
p=0.5;
dy=2*(rand([1,n])>=1-p)-1;
y=cumsum([0 dy]);
plot(y,'-k'); grid on;
xlim([0,n]); xlabel('Time','FontSize',15); hold off
```

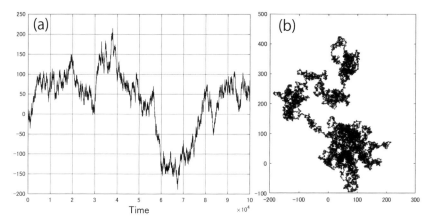

図 8.1 ともに $p=1/2$, 100000 ステップ. (a) 1 次元ランダム・ウォーク. (b) 2 次元ランダム・ウォーク (出発点は (0,0), 最終点は (72, 304)).

─────────── MATLAB 2 次元ランダム・ウォーク ───────────
```
figure
rng(0,'twister');
n=100000;
p=0.5;
dx=2*(rand([1,n])>=1-p)-1;
x=cumsum([0 dx]);
dy=2*(rand([1,n])>=1-p)-1;
y=cumsum([0 dy]);
plot(x,y,'-k'); daspect([1 1 1]); hold off
```

8.3.2 統計モデリング

8.2 節の手続きでは，ベイズの定理の適用を確率について行った．しかしベイズの定理は，すでに述べたように確率だけに適用できるものではなく，分布に対しても事後分布の推定・更新という形で実行することができる[1].

分布に関する推定および更新（改良）を行う際に，事前分布として何をとらなくてはいけないという制限はないが，一方で，分布について何の仮定も

---

[1] これまでにも，統計的手法に基づいたモデリング手法を紹介してきた．最小 2 乗法や主成分分析，あるいは検定において，特徴的な分布をとることを前提にしてきた．

おかないで実行することはできない．このときに必要になるのはモデリング（モデル化）である．これは，
(1) 分布が持つ特徴をとらえた（確率変数の特徴をとらえた）確率分布（モデル）を決め，
(2) 確率分布のパラメータをデータから推測し，
(3) 推測されたパラメータをもとに推論を行う
ことである．

まず，（計算機を用いずとも具体的な計算が実行可能な）例をみていこう．

統計分布のベイズ解析：新薬開発を例に

新薬開発の場合を考えてみよう[2]．ここでは（既存の薬または既存薬がなければ偽薬に比べて）有効かどうか（2値）で判定する．有効と判定される確率を θ，有効でないと判定される確率を $(1-\theta)$ とする（$0 \leq \theta \leq 1$）．さらに治験者は n 人であり，そのうち x 人に対して治験薬の有効性が認められたとする．

原因となる事象が x であり結果が θ であるから，尤度は

$$f(x|\theta) = {}_nC_x \theta^x (1-\theta)^{n-x} \tag{8.7}$$

ととるのが適当である．また事前分布の確率密度関数は特段の情報がないので θ の一様分布であると考え

$$p_0(\theta) = 1 \, (0 \leq \theta \leq 1) \tag{8.8}$$

とする．このとき，事後分布の確率密度関数はベイズの定理から次のように計算される．

$$p_1(\theta|x) = \frac{f(x|\theta)p_0(\theta)}{\int_0^1 d\theta' f(x|\theta')p_0(\theta')} = C_1 \theta^x (1-\theta)^{n-x}, \tag{8.9}$$

$$\frac{1}{C_1} = \int_0^1 u^{(x+1)-1}(1-u)^{(n-x+1)-1} du = B(x+1, n-x+1).$$

$B(\alpha, \beta) = \int_0^1 u^{\alpha-1}(1-u)^{\beta-1} du$ はベータ（β）関数である．

---

[2] 公正なコイントスの問題でも同じ．

連続な確率変数 θ に対する確率密度関数

$$Be(\theta; x, n) = \frac{\theta^x (1-\theta)^{n-x}}{B(x+1, n-x+1)} \tag{8.10}$$

をベータ分布という．ベータ分布は，尤度がある特別な形（ここでは同じ形 $\sim \theta^{\alpha-1}(1-\theta)^{\beta-1}$）をしていれば，事前分布，事後分布ともベータ分布となり，解析的計算も可能である．正規分布にも同様な性質がある．このような分布を**自然な共役分布の族**と呼ぶ．

ベータ分布について，MATLAB スクリプトとその結果を図 8.2 に示す．治験者数 $n=3$，効果ありと認めた数 $x=2$ のときの事前分布である一様分布 y1 と事後分布であるベータ分布 $y2 = Be(u; x=2, n=3)$ を示した．また事前分布と比率 x/n を変えずに，治験者数 n を $n=6$，$n=30$ と増やしたときの事後分布の変化（確度の増加）を y3, y10 として示した．この結果は尤度の選択に大きく依存することに注意しなくてはいけない．

──────── MATLAB ベイズ解析：ベータ分布 ────────

```
figure
n=3; x=2
u=0:0.01:1;
y1=betapdf(u,1,1);
y2=betapdf(u,x+1,n-x+1);
y3=betapdf(u,2*x+1,2*(n-x)+1);
y10=betapdf(u,10*x+1,10*(n-x)+1);
plot(u,y1,'-k',u,y2,'--k',u,y3,':k',u,y10,'-k');
xlabel('u');ylabel('β (u; x+1,n-x+1)')
legend('n=0, x=0','n=3, x=2','n=6, x=4','n=30, x=20','Location','northwest');
hold off
```

- betapdf はベータ分布の確率分布関数．

8.3.3 マルコフ連鎖モンテカルロ法を用いたベイズ解析

8.3.2 項で示したような，自然に自己共役な族に属する事前分布と尤度の組み合わせはそれほど多いわけではない．そこで登場するのがマルコフ連鎖モンテカルロ法である．モンテカルロ法はベイズ統計に特有な方法ではなく，1.3.3 項ですでに登場している．

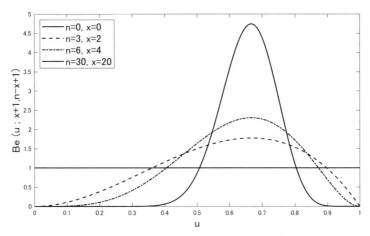

図 8.2 確率分布のベイズ解析. $n=3, x=2$ のときの事前分布とした一様分布と事後分布であるベータ分布 $Be(\theta; x=2, n=3)$. 比率 x/n を一定にしたまま,治験者数 n を 2 倍,10 倍に増やした分布の変化が $y3, y10$ となる.分布の範囲が狭くなる振る舞い（確度向上）がみられる.

確率的に記述される現象のうち,将来の挙動が過去の挙動と無関係に現在の状態だけで決まる確率過程を**マルコフ過程** (Markov process) という.マルコフ過程のうち,とりうる状態が離散的なもの（離散マルコフ過程）を**マルコフ連鎖**（Markov chain）と呼ぶ.式で書くと

$$P(X_n+1=x|X_n=x_n,\cdots,X_1=x_1) = P(X_n+1=x|X_n=x_n) \tag{8.11}$$

である.マルコフ連鎖を利用して目標分布から標本を発生させ試行を繰り返す方法を**マルコフ連鎖モンテカルロ法**（MCMC 法）という.

標本点が 1 次元空間の中にある場合には簡単であるが,標本点が多次元空間にある（変量が多変数）場合には,与えられた（多変数）分布に従う標本点の発生の仕方は簡単ではない.

以下に MCMC 法を用いた多変量正規分布に従う標本点の生成を実行しよう.

(a) 2 変量正規分布の確率密度関数

2 変量正規分布

平均値の行列 $\boldsymbol{\mu}$ と共分散行列 Σ がそれぞれ次のようである 2 次元正規分布を考えよう：

$$\boldsymbol{\mu} = \begin{pmatrix} 0 \\ 0 \end{pmatrix}, \quad \Sigma = \begin{pmatrix} 1 & 1/2 \\ 1/2 & 1 \end{pmatrix}. \tag{8.12}$$

対応する 2 変量正規分布の確率密度関数は次のようになる：

$$p(x,y) = \frac{1}{(2\pi)\sqrt{3}/2} \exp\left\{-\frac{2}{3}(x^2 - xy + y^2)\right\}. \tag{8.13a}$$

周辺分布の確率密度関数を計算すれば次のようになる：

$$\begin{aligned}p(x) &= \int_{-\infty}^{\infty} p(x,y)\mathrm{d}y = \frac{1}{\pi\sqrt{3}} \int_{-\infty}^{\infty} \mathrm{e}^{-\frac{x^2}{2}} \mathrm{e}^{-\frac{2}{3}(y-x/2)^2} \mathrm{d}y \\ &= \frac{1}{\sqrt{2\pi}} \exp\left\{-\frac{x^2}{2}\right\}\end{aligned} \tag{8.13b}$$

条件付確率分布

2 次元空間における点を，このような正規分布 $p(x,y)$ に従うように生成することは簡単ではない．しかし y をあらかじめ決めて x を結果的にこの分布に従うように生成すること，あるいは x を決めて y を生成することは難しくない．それぞれを $p(x|y), p(y|x)$ とすると，

$$p(x|y) = p(x,y)/p(y), \quad p(y|x) = p(y,x)/p(x)$$

となるからである．これを実際に計算すれば

$$p(x|y) = \frac{1}{\sqrt{2\pi}} \frac{2}{\sqrt{3}} \exp\left(-\frac{1}{6}(y-2x)^2\right) = N(y/2, 3/4), \tag{8.14a}$$

$$p(y|x) = N(x/2, 3/4) \tag{8.14b}$$

となる．$N(y/2, 3/4)$ は x の分布の平均値が（y 値を固定した）$y/2$，標準偏差が $3/4$ である正規分布である．

もう少し一般的な形で表現してみよう．平均値と共分散行列を

$$\boldsymbol{\mu} = \begin{pmatrix} \mu_1 \\ \mu_2 \end{pmatrix}, \qquad \Sigma = \begin{pmatrix} \Sigma_{11} & \Sigma_{12} \\ \Sigma_{21} & \Sigma_{22} \end{pmatrix} \qquad (8.15)$$

と書く．この書き方では変数 $\boldsymbol{x} = \begin{pmatrix} x_1 \\ x_2 \end{pmatrix}$ を用いれば確率密度関数 $p(x_1, x_2)$ は

$$p(\boldsymbol{x}) = \frac{1}{2\pi |\Sigma|^{1/2}} \exp\left\{-\frac{1}{2}(\boldsymbol{x} - \boldsymbol{\mu})^T \Sigma^{-1} (\boldsymbol{x} - \boldsymbol{\mu})\right\} \qquad (8.16)$$

と書き換えることができる．条件付きの平均値，分散，分布についても

$$E[X_1|X_2 = x_2] = \mu_1 + \Sigma_{12}\Sigma_{22}^{-1}(x_2 - \mu_2) \equiv \tilde{\mu}_1(x_2), \qquad (8.17\mathrm{a})$$

$$E[X_2|X_1 = x_1] = \mu_2 + \Sigma_{21}\Sigma_{11}^{-1}(x_1 - \mu_1) \equiv \tilde{\mu}_2(x_1), \qquad (8.17\mathrm{b})$$

$$V[X_1|X_2 = x_2] = \Sigma_{11} - \Sigma_{12}\Sigma_{22}^{-1}\Sigma_{21} \equiv \tilde{\Sigma}_{11}(x_2), \qquad (8.17\mathrm{c})$$

$$V[Y_2|X_1 = x_1] = \Sigma_{22} - \Sigma_{21}\Sigma_{11}^{-1}\Sigma_{12} \equiv \tilde{\Sigma}_{22}(x_1), \qquad (8.17\mathrm{d})$$

$$f(x_1|X_2 = x_2) = \frac{\exp\{-(x_1 - \tilde{\mu}_1(x_2))\tilde{\Sigma}_{11}(x_2)^{-1}(x_1 - \tilde{\mu}_1(x_2))\}}{(2\pi)^{1/2}\sqrt{|\tilde{\Sigma}_{11}(x_2)|}} \qquad (8.17\mathrm{e})$$

となる．この表式は，より一般の多変量正規分布に対しても有効である．

(b) MATLAB を用いたギッブスサンプリング：2 変量正規分布

条件付確率分布の表式が求まったので，次の手順

1) 初期標本点 (x_0, y_0)
2) $x^{(1)} \sim p(x^{(1)}|y^{(0)})$
3) $y^{(1)} \sim p(y^{(1)}|x^{(1)})$

を続けていけばよい．この手順を**ギッブスサンプリング**（Gibbs sampling）という．ギッブスサンプリングでは，条件付分布関数により新しい標本点を生成するため，その性質 $p(x|y)p(y) = p(y|x)p(x)$ により（統計力学では「詳細釣り合いの条件」という），十分にたくさんの標本点を生成すれば，結果の分布は平衡状態に達する（収束する）ことが保証される．ギッブスサンプリングは条件付分布がわかっている場合，棄却するサンプリングのない効率のよい方法である．

具体的に MATLAB スクリプトを書いていこう．

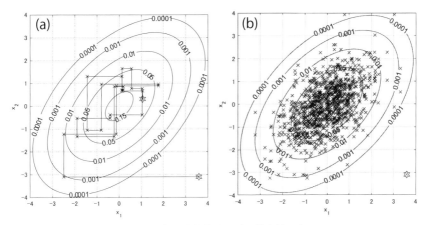

図 8.3 2変量正規分布の確率密度関数の等高線図とギブスサンプリング．サンプル点の数の多さによって図を変えた．(a) 少数のサンプル点の場合（生成順序を表示）．(b) サンプル点が 500 の場合．

―――――――――――――――――――― MATLAB ギブスサンプリング 1 ――

```
mu=[0 0]; Sigma=[1,1/2;1/2,1];
x1=-4:0.1:4; x2=-4:0.1:4;
[X1,X2]=meshgrid(x1,x2); X0=[X1(:)  X2(:)];
zh=mvnpdf(X0,mu,Sigma); zh=reshape(zh,length(x1),length(x2));
[C,h]=contour(x1,x2,zh,...
    [0.0001 0.001 0.01 0.05 0.15 0.25 0.35],'b');
v=[0.0001 0.001 0.01 0.05 0.15 0.25 0.35];
clabel(C,h,v); grid on;hold on;
```

- contour(x,y,z,[***]) は (x,y) 座標空間に $z(x,y)$ の等高線を [***] の場所に描く．

- v=[0.0001 0.001 0.01 0.05 0.15 0.25 0.35] は等高線に値を記入する高さを指定し，clabel で実行する．

以上により，2変量正規分布の確率密度関数の等高線図が描かれる（図 8.3）．次に標本点のサンプリングを行い，その密度と等高線を比較してみよう[3]．

―――――
[3] ここで2変量正規分布の確率密度関数を直接読み出している．MATLAB コマンドにより標

172 第8章 ベイズ統計

―― MATLAB ギブスサンプリング 2 ――
```
N=15;
x_init=[3.6, -3.1];
rho=Sigma(1,2)/(sqrt(Sigma(1,1))*sqrt(Sigma(2,2)));
px_mean=@(y) mu(1) ...
  +rho*(sqrt(Sigma(1,1))/sqrt(Sigma(2,2)))*(y-mu(2));
py_mean=@(x) mu(2) ...
  +rho*(sqrt(Sigma(2,2))/sqrt(Sigma(1,1)))*(x-mu(1));
varx_mean=sqrt(Sigma(1,1))*sqrt(1-rho^2) ;
vary_mean=sqrt(Sigma(2,2))*sqrt(1-rho^2) ;
x=x_init(1); y=x_init(2) ;
R(1,:)=[x,y];
plot(R(1,1),R(1,2),'hm','MarkerSize',10)
```

ここまではメッシュ点の準備および初期位置の設定である．また無名関数によって平均値と偏差を定義した．

次の段階で，指定した平均値と偏差を持つ正規分布に従う乱数を発生させ，新しい標本点を生成していく．

―― MATLAB ギブスサンプリング 2 続き ――
```
for i=1:N
  x=normrnd(px_mean(y),varx_mean) ;
  y=normrnd(py_mean(x),vary_mean) ;
  R(i+1,:)=[x,y];
end
for t=1:N-1
  if N<=20
    plot([R(t,1),R(t+1,1)],[R(t,2),R(t,2)],'-xr');
    plot([R(t+1,1),R(t+1,1)],[R(t,2),R(t+1,2)],'-xr');
  else
    plot([R(t,1),R(t+1,1)],[R(t,2),R(t,2)],'xr');
    plot([R(t+1,1),R(t+1,1)],[R(t,2),R(t+1,2)],'xr');
  end
end
plot(R(N,1),R(N,2),'hb','MarkerSize',10)
xlim([-4,4]); ylim([-4,4]); daspect([1 1 1]);
xlabel('x_1'); ylabel('x_2');zlabel('Probability Density'); hold off
```

標本点を直接生成することができる．R = mvnrnd(mu,Sigma,n) は，平均（ベクトル）mu=μ および共分散行列 Sigma=Σ を持つ多変量正規分布に従う乱数ベクトルが格納されている行列 R を返す．

(c) MATLAB を用いたメトロポリス法：2 変量正規分布

ギブスサンプリングは条件付分布がわかっている場合に用いる効率のよい方法である．メトロポリス法は，完全な条件付確率から標本点を得るのが難しい場合に，広く用いられる[4]．

この手順は以下のとおりである：

(1) 初期値 $\boldsymbol{x}(t)$ を仮定．
(2) 適当な分布（提案分布）$q(\boldsymbol{y}|\boldsymbol{x}(t))$ から標本 $\boldsymbol{y}(t)$ を抽出．用いる分布としては $q(\boldsymbol{x}'|\boldsymbol{x}) = q(\boldsymbol{x}|\boldsymbol{x}')$ を満たす（対称な）確率分布なら何でもよい．
(3) 確率

$$r(\boldsymbol{x}, \boldsymbol{y}) = \min\left[1, \frac{p(\boldsymbol{y})}{p(\boldsymbol{x})}\right]$$

で $\boldsymbol{y}(t)$ を標本 $\boldsymbol{x}(t+1)$ として採択．確率 $1-r(\boldsymbol{x}(t),\boldsymbol{y}(t))$ で $\boldsymbol{x}(t)$ を標本 $\boldsymbol{x}(t+1)$ として保持．$p(\boldsymbol{x})$ は，得られた標本点の集合が満たすべき多変量正規分布である．

(4) 十分な数の標本点が得られるまで手順 (2) と (3) を繰り返す．

以上が，もともとのメトロポリス・アルゴリズムであり，これは詳細釣り合いの条件 $p(\boldsymbol{x})r(\boldsymbol{x},\boldsymbol{y}) = p(\boldsymbol{y})r(\boldsymbol{y},\boldsymbol{x})$ を満たす．この式の左辺は $\boldsymbol{x} \to \boldsymbol{y}$ の確率，右辺は $\boldsymbol{y} \to \boldsymbol{x}$ の確率である．

もし (2) で仮定した対称性の条件を満たさないものであれば確率を

$$r(\boldsymbol{x}, \boldsymbol{y}) = \min\left[1, \frac{f(\boldsymbol{y})}{f(\boldsymbol{x})} \cdot \frac{q(\boldsymbol{x}|\boldsymbol{y})}{q(\boldsymbol{y}|\boldsymbol{x})}\right]$$

と置き換えればよい（メトロポリス–ヘイスティングス・アルゴリズム）[5]．

以下に，先の例と同じものでメトロポリス・アルゴリズムのプログラムを示す．ただし結果の図は図 8.3 と区別し難いので省略する．この例では，提案分布として有限範囲の一様分布を用いた．そのため棄却する候補点の数も多い．下の例では 5000 個の候補点のうち，棄却されなかったのは 799 であった（乱数によるので毎回異なるがおよその目途である）．適切な提案分布

---

[4] この名称は，この方法を状態方程式に対して最初に提案した著者名に由来する：N. Metropolis, A. W. Rosenbluth, M. N. Rosenbluth, A. H. Teller, and E. Teller, *J. Chem. Phys.*, **21**, 1087-1092 (1953).

[5] MATLAB にはメトロポリス–ヘイスティングス・アルゴリズムによる `mhsample` というコマンドも用意されている．

を用いることが重要である．

MATLAB メトロポリス・アルゴリズム
```
N=5000; w=4;
x_init=[3.60; -3.10]; x=x_init;
U=@(u,v) [u;v];
S=@(U) (U'*Sigma^(-1)*U)/2;
XS=x_init
iaccept=0;
for n=1:N
  xp=-w+2*w*rand(2,1);
  Snew=S(xp);
  Sold=S(x);
  acri=exp(-Snew+Sold);
  r=rand;
   if r<acri
    x=xp;
    iaccept=iaccept+1;
   else
    x=x;
   end
  XS=[XS,x];
end
plot(XS(1,:),XS(2,:),'kx'); xlabel('x_1'); ylabel('x_2'); daspect([1 1 1]);
hold off
iaccept
```

8.3.4 MATLAB を用いたイジングスピン・モデルの統計力学と劣化画像修復

デジタル画像は光学的，磁気的に電磁的記録媒体に保存されていて，時間経過に伴って劣化し，ノイズが増えていく．劣化した画像を元の画像に復元することを考えよう．

簡単のため2値画像について議論を進める．2値画像は，マス目に区切られた2次元領域に格子状に配置され，各要素が0と1である $N_x \times N_y$ 行列として表されている．通常，1が白い点を，0が黒い点を表す．原画像 UT（サイズ 176×176 の行列）を図8.4に示す．

  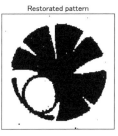

図 **8.4** イジングスピン・モデルを用いた劣化画像修復．左：原画とした東京大学のロゴをもとにした白黒 2 値画像 (176×176)．中：原画に対し，約 10% のスピンを反転させ作成したモデル劣化画像．右：$J=1, h=1.0986$ とし，2×10^5 回の操作を行って得た画像．白黒の境界の乱れはあるが，画像は全体的にほぼ回復している．

────────────────────────── MATLAB 劣化画像修復：原画像の準備 ──

```
UT=imread('UT.png'); % 2 値化データファイルの読み込み.
Aoriginal=UT;
Nx=176; Ny=176; N=Nx*Ny;
sp=2*UT-1;
```

- 画素データ 0, 1 である行列 UT を，要素が ± 1 である sp 行列に変換する．

- ここで imread を用いるためには，Image Processing Toolbox が必要．

行列 sp の要素（± 1）をスピン (spin) と呼ぶことにする．まず原画像のうち 0%($p=0.1$) のスピンを一様乱数に従って選び反転し，劣化画像とする．

MATLAB 劣化画像修復：劣化画像

```
rng(1,'twister')
p=0.1; ij=0;
for i=1:N % 劣化した初期画像の設定
  x=ceil(i/Ny); y=i-(x-1)*Ny;
    if rand(1)<p
      sp(x,y)=-sp(x,y); ij=ij+1;
    end
end
ADeteriorated=sp; % 反転（劣化）したスピンのパターン
FlippedFraction=ij/N    % 反転（劣化）したスピンの割合
    FlippedFraction = 0.1005
sy(1:Ny)=0; sx(1:Nx+2)=0; sx=sx';
Aoriginal=[sx [sy;Aoriginal;sy] sx]; ADeteriorated=[sx
[sy;ADeteriorated;sy] sx];
sp=ADeteriorated; spIni=sp;
```

- ceil(x) は，x をその値以上の最も近い整数に丸める．

- sx, sy を行列 sp の上下左右に付け加え $((Nx+2) \times (Ny+2)$ 行列)，各スピンに近接する $\pm$ スピンの個数を数える操作を容易にする．

これからが劣化修復である．パターンは画素1点だけで成り立つものではないから，同じ色の画素は集まりやすい．一般に，周りが白（黒）ければ真ん中も白（黒）い．さらに，劣化画像の多くの部分は元画像の様子を残しているはずである．

これらの性質を反映する問題は，評価関数 $E(\{s_1, s_2, \cdots, s_N\})$

$$E = -J \sum_{<i,j>} s_i s_j - h \sum_i s_i^{(\mathrm{ini})} s_i \tag{8.18}$$

を最小にする問題となる．s_i は位置 i のスピン，$s_i^{(\mathrm{ini})}$ は対象とする劣化画像のスピンとする．$<i,j>$ は隣り合った対 (i,j) に関する和であり，$J>0, h>0$ とする．J の値は適当に決め，h の値は劣化が加わった割合 p に対応し，$p = \mathrm{e}^{-h}/\{\mathrm{e}^h + \mathrm{e}^{-h}\}$ と決める．実際には p の値は未知であり，したがって h の値もわからないので，試行錯誤で決める．

画素の分布の確率モデルとして，分布は次のようになるとする：

$$f(\boldsymbol{s}) = \frac{\exp(J\sum_{<i,j>} s_i s_j + h\sum_i s_i^{(\mathrm{ini})} s_i)}{\sum_{\boldsymbol{s}} \exp(J\sum_{<i,j>} s_i s_j + h\sum_i s_i^{(\mathrm{ini})} s_i)}.$$

分母はすべてのスピン配列に関する和である．こうして次式を得る：

$$f(\boldsymbol{s}) \propto \exp\left(J\sum_{<i,j>} s_i s_j + h\sum_i s_i^{(\mathrm{ini})} s_i\right). \tag{8.19}$$

以上の準備の下で以下のメトロポリス・アルゴリズムを実行する．

1. $\boldsymbol{s}_{\mathrm{old}} = (s_1, s_2, \cdots)$ であるスピン配置から始める．
2. 任意のスピン s_{i_0} を（乱数に従い）選択し，$\boldsymbol{s}_{\mathrm{old}}$ からこれだけを反転したスピン配置を $\boldsymbol{s}_{\mathrm{corr}}$ とする：$\boldsymbol{s}_{\mathrm{corr}} = (s_1, s_2, \cdots, -s_{i_0}, \cdots)$．スピンを1つだけ反転する変換 $\boldsymbol{s} \to \boldsymbol{s}'$ の確率は $q(\boldsymbol{s}'|\boldsymbol{s}) = \frac{1}{N_x N_y}$ となる．
3. 確率

$$r(\boldsymbol{s}_{\mathrm{corr}}, \boldsymbol{s}_{\mathrm{old}}) \equiv \min\left\{1, \frac{f(\boldsymbol{s}_{\mathrm{corr}})}{f(\boldsymbol{s}_{\mathrm{old}})} \cdot \frac{q(\boldsymbol{s}_{\mathrm{corr}}|\boldsymbol{s}_{\mathrm{old}})}{q(\boldsymbol{s}_{\mathrm{old}}|\boldsymbol{s}_{\mathrm{corr}})}\right\} = \min\left\{1, \frac{f(\boldsymbol{s}_{\mathrm{corr}})}{f(\boldsymbol{s}_{\mathrm{old}})}\right\} \tag{8.20}$$

に対して，一様乱数 $\rho \in [0,1]$ を用いて，$\rho \leq r(\boldsymbol{s}_{\mathrm{corr}}, \boldsymbol{s}_{\mathrm{old}})$ ならスピン配置 $\boldsymbol{s}_{\mathrm{corr}}$ を受け入れ，$\rho > r(\boldsymbol{s}_{\mathrm{corr}}, \boldsymbol{s}_{\mathrm{old}})$ ならスピン配置 $\boldsymbol{s}_{\mathrm{corr}}$ を受け入れない．
4. 以上の手順を繰り返す．

以上をスクリプトに書けば次頁のようになる．$J=1$ とするのが $r(\boldsymbol{s}_{\mathrm{corr}}, \boldsymbol{s}_{\mathrm{old}})$ の値からみて適当であろう．

────────────── MATLAB 劣化画像修復：イジングスピン・モデル ──────────────
```
h=log((1/p-1))/2
 h = 1.0986 
J=1; hf=h;
MaxIte=200000;
iFlip=0;
for k=1:  MaxIte
  x=1+randi(Nx); y=1+randi(Ny);
  dE=2*sp(x,y)*(sp(x-1,y)+sp(x+1,y)+sp(x,y-1)+sp(x,y+1));
  Lf=spIni(x,y)*sp(x,y);
  if rand<min([1 exp(-J*dE-2*hf*Lf)])
    sp(x,y)=-sp(x,y);
    iFlip=iFlip+1;
  end
end
ARestored=sp;
CorrectedFraction=iFlip/N
 CorrectedFraction = 0.1258 
```

以下はこれらの画像描画である．

────────────── MATLAB 劣化画像修復：描画 ──────────────
```
subplot(1,3,1)
imagesc(Aoriginal); colormap gray; xticks(); yticks(); hold on
title('Original pattern'); daspect([1 1 1])
subplot(1,3,2)
imagesc(ADeteriorated); colormap gray; xticks(); yticks(); hold on
title('Deteriorated pattern'); daspect([1 1 1])
subplot(1,3,3)
imagesc(ARestorated); colormap gray; xticks(); yticks(); hold on
title('Restorated pattern'); daspect([1 1 1])
```

- `imagesc` を用いるには，Image Processing Toolbox が必要．

J, h の値をいろいろ変えてみると，それぞれの項の効果が理解できる．この操作をさらに重ねると，画像が白黒の境界から乱れてくることを観察することもできる．ここで採用した程度の回数がほぼ安定した結果を与えていることは，すべてのサイトについて近接するスピンの $\pm$ の数の変化を見るとわかる．読者がそのような実験を試みることを期待したい．

第9章 最尤推定

統計モデル（確率分布関数）はいくつかのパラメータを含んでいるのが一般的である．最尤法とは，観測データが与えられたときに，そのパラメータを推定する方法である．分布の尤もらしさを表す関数（尤度関数）を定義し，想定された統計モデルの下で，観測されたデータの尤度関数を最大化するように統計モデルのパラメータを決めるという手続きにより，最尤推定は行われる．

9.1 最尤推定

9.1.1 尤度と尤度関数

「2枚のコインを投げて2枚とも表が出た」という結果が得られたとき，このような結果が得られる確率は，コインの表が出る確率 p をパラメータとして関数

$$L(p) = p^2 \tag{9.1}$$

と表すことができる．このとき $p=1/2$ であれば $L=0.25$ である．$L(p)$ を**尤度関数**（likelihood function）と呼び，$L(1/2)=0.25$ を**尤度**（likelihood）という．尤度とは「もっともらしさ」である．

一般に確率変数 $X_1, X_2, \cdots, X_n$ は独立でありかつ同一の分布 $f(x_i, \theta)$ に従うとする．θ は分布を決めるパラメータとする．このとき $\{X_i\}$ の確率密度関数は

$$f(\{x_i\}, \theta) = \prod_{i=1}^{n} f_i(x_i, \theta)$$

である．

$$L(\theta) = \prod_{i=1}^{n} f_i(x_i, \theta) \tag{9.2}$$

がこのときの尤度関数である．

対数関数 $\ln(x)$ は x に関して単調増加関数であるから，尤度関数 L を考える代わりに

$$l(\theta) = \ln L(\theta)$$

を考えてもよい．これを**対数尤度関数**（log-likelihood function）と呼ぶ：

$$l(\theta) = \ln L(\theta) = \sum_{i=1}^{n} \ln f(x_i, \theta). \tag{9.3}$$

9.1.2 最尤法

分布がわかっているがパラメータ θ の値 θ_0 が知られていない場合，$L(\theta)$ あるいは $l(\theta)$ を最大にする θ の値 θ_0 を求める方法を**最尤法**（maximum likelihood method）という．あるいは観測データからそれらが従う確率分布を推定することもできる．

具体的には

$$\frac{\mathrm{d}L(\theta)}{\mathrm{d}\theta} = 0 \quad \text{または} \quad \frac{\mathrm{d}l(\theta)}{\mathrm{d}\theta} = 0 \tag{9.4}$$

を解けばよい．対数尤度 $l(\theta)$ に対する式 (9.4) を**尤度方程式**という．

9.2 最尤推定と正規分布

9.2.1 最尤推定による正規分布の平均値および分散

標本値 $x_1, \cdots, x_n$ が互いに独立で，同じ平均値 μ，分散 σ^2 である正規分布に従うとすると尤度関数は

9.2 最尤推定と正規分布

$$L(\mu,\sigma) = \prod_{i=1}^{n} f(x_i;\mu,\sigma) = \left(\frac{1}{\sqrt{2\pi\sigma^2}}\right)^n \exp\left(-\frac{1}{2\sigma^2}\sum_i^n (x_i-\mu)^2\right) \quad (9.5\text{a})$$

であり，これから対数尤度関数

$$l(\mu,\sigma) = \ln(L(\mu,\sigma)) = -\frac{n}{2}\ln(2\pi\sigma^2) - \frac{1}{2\sigma^2}\sum_i^n (x_i-\mu)^2 \quad (9.5\text{b})$$

が求められる．

尤度方程式を具体的に書くと（パラメータは μ と σ^2 の 2 つ）

$$\frac{\partial l(\mu,\sigma)}{\partial \mu} = 0 \rightarrow -\frac{1}{\sigma^2}\sum_i^n (x_i-\mu) = 0,$$

$$\frac{\partial l(\mu,\sigma)}{\partial \sigma^2} = 0 \rightarrow -\frac{n}{2\sigma^2} + \frac{1}{2\sigma^4}\sum_i^n (x_i-\mu)^2 = 0$$

となる．あるいは書き直して，

$$\mu = \frac{1}{n}\sum_i^n x_i, \quad (9.6\text{a})$$

$$\sigma^2 = \frac{1}{n}\sum_i^n (x_i-\mu)^2 \quad (9.6\text{b})$$

を得る．ここで密度分布関数における σ^2 は<u>標本分散ではなく</u>，それを $(n-1)/n$ 倍したものになっていることに注意しなくてはならない．

MATLAB を用いて，最尤法により平均値 (9.6a) と分散 (9.6b) を求めてみよう．データは 7.3.2 項 (b) で用いたものである．

───── MATLAB 最尤法による正規分布の母数 ─────

```
load examgrades
x=grades(:,1);
phat=mle(x)
    phad = 75.0083    8.6838
```

- mle は最尤推定の平均値 (9.6a) および分散 (9.6b) を与える．これはすでに 7.3.2 項 (b) で求めている．ただし (9.6b) で決まる偏差 σ は，標本偏差 s とは $\sqrt{n/(n-1)} = \sqrt{120/119}$ だけ異なることに注意．

- mle は maximum likelihood estimation（最尤推定）の頭文字をとったものである．

9.2.2 最尤推定と最小 2 乗法

以上の問題を少し視点を変えて考えてみよう．変数 x のいくつかの値 x_i ($i = 1, 2, \cdots, n$) に対してデータの値が y_i であるとしてみよう．y_i の値が，関数 $y = f(x)$ で表現できると仮定する．データ (x_i, y_i) とその理論値（理論曲線）$y = f(x; \theta)$ が与えられるとき，標本数を n とすれば，$y_i - f(x_i)$ は観測の誤差であると考えられる．ただし θ は理論曲線に含まれるパラメータである．この観測誤差は正規分布に従うとすると

$$L(\mu, \sigma) = \left(\frac{1}{\sqrt{2\pi\sigma^2}}\right)^n \exp\left(-\frac{1}{2\sigma^2}\sum_i^n (y_i - f(x_i, \theta))^2\right) \quad (9.7)$$

は誤差の分布の尤度である．この誤差の分布を最小にするように関数 $f(x; \theta)$ を決めることが必要になる．尤度方程式をたてれば，

$$J = \sum_{i=1}^n |f(x_i; \theta) - y_i|^2 \quad (9.8)$$

の最小値を与える θ を求める問題となる．J/n を平均 2 乗誤差という．近似関数を

$$f(x; a, b) = ax + b$$

と選べば，よく知られた最小 2 乗法である（5.1 節）．

9.3 情報量とエントロピー

9.3.1 分布のエントロピー

　熱機関（熱エネルギーを力学エネルギーに変換するための機関）の循環過程（ある状態が変化し再び元の状態に戻るまでの過程）を研究する中で，ドイツの物理学者クラウジウス（Rudolf J. E. Clausius, 1822-1888）がエントロピーの概念を導入した（1850 年）．オーストリアの物理学者ボルツマン（Ludwig E. Boltzmann, 1844-1906）によって，エントロピーが原子や分子の「乱雑さの尺度」であるとして再定義された（1877 年）．系のとりうる状態数が Ω であるならエントロピーは

$$S = k_B \ln(\Omega) \tag{9.9}$$

と表される．k_B はボルツマン定数と呼ばれる．分布の自由度（Ω）が大きくなればエントロピーは増える．

9.3.2 種々の情報量

　情報を測る尺度「情報量」として必要な条件を考えよう．要求される条件は次のとおりである：
1：可能な場合が多ければ，「情報量」は大きい．
2：情報量は足し算で増えていく．

(a) シャノン情報量

　情報量として必要な条件に見合うものとして，上で議論したエントロピーを**情報量**として充てることは自然である．これに従えば，事象 X の情報量を次のように定義することが可能である：

$$S(X) = -\ln P(X). \tag{9.10a}$$

ここで $P(X)$ は事象 X が起きる「確率」である．これに従えば，確率変数 X の値 x_j が分布 $p(x_j)$ に従うときは，その平均の情報量は

$$S(X) = \sum_i -p(x_i)\ln p(x_i) \tag{9.10b}$$

となる．これを**平均情報量**，**シャノン情報量**，**情報のエントロピー**などという．

同時確率の場合には，事象 X と Y との同時確率 $p(X,Y)$ について，同時確率のエントロピーを $S(X,Y)$ と書けば，次のように定義される：

$$S(X,Y) = -\sum_{x\in X}\sum_{y\in Y} p(x,y)\ln p(x,y). \tag{9.10c}$$

(b) 画像のエントロピー

グレースケール画像を白黒画像，2値画像（binary image）に変えたとき，エントロピーがどのように変化するか考えてみよう．画像は点の集まりとして表現されている．白黒画像は1点を0，1の2階調（1ビット，2^1）で，グレースケール画像は1点を256の階調（8ビット，$2^8=256$）で表現している．通常，画像データのエントロピーは，画像エントロピーといって，底を2にとる．

$$\log_2 x = \frac{\ln x}{\ln 2} = \frac{\ln x}{0.6931\cdots}$$

であるから換算に困難はないため，ここではシャノン情報量を計算することにしよう．

モデル画像として，カラー（RGB）画像 PetDog.jpg を用いる．以下で，画像を扱うため，Image Processing Toolbox が必要である．

9.3 情報量とエントロピー

────── MATLAB 画像ファイルのエントロピー 1 ──────
```
figure
X=imread('PetDog.jpg');
colormap('gray')
GrayImage=rgb2gray(X);
imhist(GrayImage)
GrayImage2=imresize(GrayImage,0.2)
whos GrayImage2
    Name          Size        Bytes      Class       Attributes

    GrayImage2  120 × 84      10080      uint8
imshow(GrayImage2); daspect([1 1 1])
imhist(GrayImage2)
entropy(GrayImage2)
    ans = 7.3452
```

- colormap('gray') は，グレースケールのカラーマップを宣言．

- rgb2gray によりグレースケール画像に変換する（図 9.1(a)）．

- imhist(X) により画像ファイル X のヒストグラムを表示（省略）．

- imresize(GrayImage,0.2) により画像を圧縮する．圧縮率は 20%．

- whos X は，X が占めるサイズ，バイト数を示す．

次に画像ファイルを2値（白黒）画像に変換（図 9.1(b)）し，その画像エントロピーを計算する．同時に定義に従って画像の情報量（シャノン情報量）を計算する．

図 9.1 モデル画像（120 × 84）．(a) GrayImage2. (b) BinaryImage.

────── MATLAB 画像ファイルのエントロピー 2 ──────

```
BinaryImage=imbinarize(GrayImage2);
whos BinaryImage
    Name         Size        Bytes    Class      Attributes
    BinaryImage  120 × 84    10080    logical
imshow(BinaryImage)
BinaryImage
[counts,binLocations]=imhist(BinaryImage)
imhist(BinaryImage); xlim([-0.1,1.1])
entropy(BinaryImage)
    ans = 0.9999
p0=imhist(BinaryImage);
p=p0/sum(p0);
-sum(p.*log(p))
    ans = 0.6931
-sum(p.*log(p))/log(2)
    ans = 0.9999
```

- `imbinarize(Z)` によりグレースケールファイル Z を 2 値化．

- `[counts,binLocations]=imhist(B)` によりヒストグラムのデータが counts に，ビンのデータが binLocations に収められる．2 値ファイルであるから counts には 0 の個数と 1 の個数が格納される．

- p0=imhist(B) により $p0$ が 2×1 列ベクトルとなる.

- 0.9999 が画像エントロピー, 0.6931 が対応するシャノン情報量.

白黒画像 (2値) の画像エントロピーのとりうる最大値は 1, 最小値は 0 であり, その間を連続的に変化する. ここでの値 0.9999 は画像エントロピーの最大値であり, これは 2 値 0 と 1 の個数がほぼ等しいことによる. 2 値画像 (図 9.1(b)) からこのことは確かめられる.

(c)　条件付エントロピーと相互情報量

サイコロ振りの情報量　1 回サイコロを振ったとしよう. サイコロの 1 つの目が出る確率は 1/6 であるからサイコロの目の情報エントロピーは

$$S_1 = -\frac{1}{6}\ln\left(\frac{1}{6}\right) - \cdots = -\ln\left(\frac{1}{6}\right) = \ln 6 = 1.7918$$

である.

このサイコロは偶数の目が均等に出やすく $p=1.5/6=0.25$, 奇数の目は均等に出にくく $(1-3\times 1.5/6)/3 = (1.5/6)/3 = (0.5/6) = 0.08333$ であるとしよう. このカラクリを知っていれば, 情報量は

$$S_2 = -3\times\frac{1.5}{6}\ln\left(\frac{1.5}{6}\right) - 3\times\frac{0.5}{6}\ln\left(\frac{0.5}{6}\right) = 1.6609$$

に減少する.

このサイコロは偶数の目しか出ず, 奇数目は出ないとしたらどうなるか. この場合に, 偶数目の出方は均等であり, その確率は $p=1/3$ であるとしよう. 情報量はさらに

$$S_3 = -3\times\frac{1}{3}\ln\left(\frac{1}{3}\right) - 3\times\epsilon\ln(\epsilon) \xrightarrow{\epsilon\to 0} \ln(3) = 1.0980$$

に減少する. ちなみに S_3 (または S_2) の第 2 項は奇数目が出るという情報であり, S_3 に関しては 0 である. さらに

$$S_1 - S_3 = \ln(6) - \ln(3) = \ln(2). \tag{9.11}$$

すなわち，偶数か奇数かの二者択一の情報量のみ残されている[1]．

条件付エントロピー　前の例で，I_2 は「偶数の目が出やすい」という条件を前提としたエントロピー，I_3 は「偶数の目しか出ない」という条件を前提としたエントロピーである．B を条件としたときの事象 A のエントロピーを**条件付エントロピー**といい $S(A|B)$ と書く．

条件付事象のエントロピーについても同様に

$$S(X|Y) = \sum_y p(y)S(X|y), \quad S(X|y) = -\sum_x p(x|y)\ln p(x|y)$$

と定義されるから

$$S(X|Y) = \sum_y p(y)S(X|y) = -\sum_{x,y} p(y)p(x|y)\ln p(x|y)$$
$$= -\sum_{x,y} p(x,y)\ln p(x|y) \tag{9.12}$$

を得る．

一方，I_1 は何の条件もないときのサイコロの目の出方 A のエントロピー $S(A)$ である．$S_1 \equiv S(A)$，$S_3 \equiv S(A|B)$ と書くことにしよう．このとき，それらの差 $\ln(2)$ を $I(A;B)$ と書けば，式 (9.11) は

$$I(A;B) = S(A) - S(A|B) = S(B) - S(B|A) \tag{9.13}$$

である．$I(A;B)$ を**相互情報量**（mutual information, transinformation）という．相互情報量は「不確実性の減少量」であり，条件 B または A を知ったことによる曖昧さの減少量を表している．

以上を用いて相互情報量 (9.13) を書き換えると

$$I(X;Y) = S(X) - S(X|Y) = \sum_{x,y} p(x,y)\ln\left(\frac{p(x,y)}{p(x)p(y)}\right) \tag{9.14}$$

を得る．これが相互情報量を確率密度関数で表したものである．また

---

[1] 対数の底を 2 とした情報量の単位をビット（bit）という．

$$I(X;Y) = S(X) + S(Y) - S(X,Y) \tag{9.15}$$

と書くこともできる．相互情報量とは，X, Y とそれらの同時事象 $X \cap Y$ とのエントロピー（情報量）の差である．

(d) カルバック-ライブラーの情報量

もう1つ重要な情報量にカルバック-ライブラーの情報量（Kullback-Leibler divergence，K-L 情報量）と呼ばれる概念がある：

$$\begin{aligned} S(P_1 \parallel P_2) &= \sum_x p_1(x) \ln \frac{p_1(x)}{p_2(x)} \\ &= \int \mathrm{d}x p_1(x) \ln \frac{p_1(x)}{p_2(x)}. \end{aligned} \tag{9.16}$$

物理学ではこれを**相対エントロピー**（relative entropy）と呼んでいる．K-L 情報量の意味をみてみよう．
1) 第1に，$S(A \parallel B) \geq 0$ である[2]．
2) 第2に，$P_1(x)$ と $P_2(x)$ の分布が違えば $S(P_1 \parallel P_2)$ が大きくなる．

以下にこれを示そう．簡単のため，分布は2点に限られ $p_1(x_1) = a$, $p_1(x_2) = 1-a$, $p_2(x_1) = b, p_2(x_2) = 1-b$ であるとしよう．このとき

$$S(P_1 \parallel P_2) = a \ln \frac{a}{b} + (1-a) \ln \frac{1-a}{1-b} \geq \frac{1}{2}|a-b|^2$$

である．これは数学的に証明することももちろん可能であるが，$0 < a, b < 1$ で数値的に調べる方が簡単である（図 9.2）．等号は $a = b$ のとき成り立つ．すなわち a と b が大きく違えば，$S(P_1 \parallel P_2)$ もより大きくなる．この結果は一般に成り立つ．参考のためにこの図を描くスクリプトも与えておこう．

---

[2] $x > 0$ であるとき $\ln 1/x \geq 1 - x$ である（等号は $x = 1$ のとき）．したがって

$$\sum p_1(x) \ln \frac{p_1(x)}{p_2(x)} \geq \sum p_1(x)(1 - p_2(x)/p_1(x)) = \sum p_1(x) - \sum p_2(x) = 0.$$

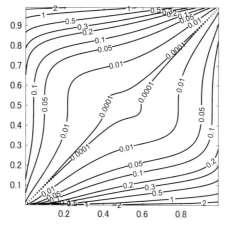

図 9.2 $f(x,y) = x\ln x/y + (1-x)\ln(1-x)/(1-y) - 2(x-y)^2$ の等高線図. 値は $f(x,y)$ の値.

---- MATLAB 図 9.2

```
figure
[x,y]=meshgrid(0.001:0.01:0.999);
f=x.*log(x./y)+(1-x).*log((1-x)./(1-y))-2*(x-y).^2;
[C,h]=contour(x,y,f,20,'-k','LevelList',...
   [0.0001,0.01,0.05,0.1,0.2,0.3,0.5,1,2],'LineWidth',1.3);
clabel(C,h);
daspect([1 1 1])
v_axes=gca;
v_axes.XAxis.FontSize=13;
v_axes.YAxis.FontSize=13;
```

以上から，K-L 情報量は 2 つの（確率）分布 P_1 と P_2 が違うほど大きくなり，したがって 2 つの（確率）分布の異同を測る尺度（距離）となることがわかる．このような観点からいえば，相互情報量は同時分布 $f_{X,Y}(x,y)$ と周辺分布の積 $f_X(x)f_Y(y)$ の間の距離を K-L 情報量で測ったものと理解することができる．

(e) フィッシャー情報量とクラメール-ラオの不等式

最尤法により対数尤度 $l(\theta) = \ln(p(x|\theta))$ からパラメータ θ を決めることを考えよう．

$$S(\theta) \equiv \frac{\partial l}{\partial \theta} = \frac{1}{p(x|\theta)} \frac{\partial p(x|\theta)}{\partial \theta} \tag{9.17}$$

である．$S(\theta)$（スコア関数）を考える．$S(\theta)$ の平均および分散は

$$E[S(\theta)] = \sum_x p(x|\theta) \frac{1}{p(x|\theta)} \frac{\partial p(x|\theta)}{\partial \theta} = \frac{\partial}{\partial \theta} \sum_x p(x|\theta) = 0, \tag{9.18a}$$

$$V[S(\theta)] = E[S(\theta)^2] \tag{9.18b}$$

である．

$$\frac{\partial^2 l}{\partial \theta^2} = \frac{\partial S(\theta)}{\partial \theta} = -S(\theta)^2 + \frac{1}{p(x|\theta)} \frac{\partial^2 p(x|\theta)}{\partial \theta^2},$$

$$\sum_x p(x|\theta) \times \frac{1}{p(x|\theta)} \frac{\partial^2 p(x|\theta)}{\partial \theta^2} = 0$$

に注意すれば

$$\mathcal{I}(\theta) = E[S(\theta)^2] = E\left[\frac{\partial l}{\partial \theta} \frac{\partial l}{\partial \theta}\right] = -E\left[\frac{\partial^2 l}{\partial \theta^2}\right] = V[S(\theta)] \tag{9.19a}$$

を得る．$\mathcal{I}(\theta)$ を**フィッシャー情報量**という．これは $S(\theta)$ の分散である．

一般のパラメータが複数ある場合には**フィッシャー情報行列**

$$\mathcal{I}(\theta)_{ij} = -E\left[\frac{\partial^2 l}{\partial \theta_i \partial \theta_j}\right] = E\left[\frac{\partial l}{\partial \theta_i} \frac{\partial l}{\partial \theta_j}\right] \tag{9.19b}$$

が定義される．

$\hat{\theta}$ を θ の**不偏推定量**とすると $\theta = E[\hat{\theta}] = \sum_x p(x|\theta)\hat{\theta}$ である．この両辺を θ で微分すると

$$1 = \frac{\partial}{\partial \theta} \sum_x p(x|\theta)\hat{\theta} = \sum_x \frac{\partial \ln p(x|\theta)}{\partial \theta} \hat{\theta} = E[\hat{\theta} S(\theta)]$$

$$= E[(\hat{\theta} - E[\hat{\theta}])(S(\theta) - E[S(\theta)])] \leq [V[\hat{\theta}]V[S(\theta)]]^{1/2} = [V[\hat{\theta}]\mathcal{I}(\theta)]^{1/2}$$

であるから（不等号のところはコーシー–シュワルツの不等式），

$$V[\hat{\theta}] \geq \frac{1}{\mathcal{I}(\theta)} \tag{9.20}$$

が得られる．これを**クラメール–ラオ**（Cramér-Rao）**の不等式**といい，不偏推定量の分散の下限値を与える．言い換えれば，どのような不偏分散量も

その分散を 0 にすることはできないことを示している.

正規分布のフィッシャー情報量　パラメータ θ が複数ある場合の例として, 正規分布のフィッシャー情報量を計算してみよう.

$$p(x) = \frac{1}{\sqrt{2\pi\sigma^2}} \exp\left(-\frac{(x-\mu)^2}{2\sigma^2}\right)$$

である.

対数尤度 $l(\mu, \sigma^2)$ およびその微分は次のとおりである:

$$l(\mu, \theta) = -\frac{1}{2}\ln(2\pi) - \frac{1}{2}\ln\sigma^2 - \frac{(x-\mu)^2}{2\sigma^2},$$

$$\frac{\partial l}{\partial \mu} = \frac{(x-\mu)}{\sigma^2}, \quad \frac{\partial l}{\partial \sigma^2} = -\frac{1}{2\sigma^2} + \frac{(x-\mu)^2}{2\sigma^4},$$

$$\frac{\partial^2 l}{\partial \mu^2} = -\frac{1}{\sigma^2}, \quad \frac{\partial^2 l}{\partial (\sigma^2)^2} = \frac{1}{2\sigma^4} - \frac{(x-\mu)^2}{\sigma^6}, \quad \frac{\partial^2 l}{\partial \mu \partial \sigma^2} = -\frac{x-\mu}{\sigma^4}.$$

これから μ と σ^2 は次のように決まることがわかる:

$$\mu = \int_{-\infty}^{\infty} dx\, p(x) x = \langle x \rangle_p, \quad \sigma^2 = \langle (x-\mu)^2 \rangle_p.$$

これを用いれば対数尤度のヘッセ行列（2 階導関数が作る行列）$H(\mu, \theta)$ の各成分 $H(\mu, \theta)_{ij}$ を書き下すことができ，その各要素の平均値 $\langle H(\mu, \theta)_{ij} \rangle_p$ を計算することも容易である．ここでベクトル

$$\nabla_{\boldsymbol{\theta}} l(\boldsymbol{\theta}) = \begin{pmatrix} \frac{\partial l(\mu, \sigma)}{\partial \mu} \\ \frac{\partial l(\mu, \sigma)}{\partial \sigma^2} \end{pmatrix} \tag{9.21}$$

を定義するとフィッシャー情報行列は $\nabla_{\boldsymbol{\theta}} l(\boldsymbol{\theta}) \otimes \nabla_{\boldsymbol{\theta}} l(\boldsymbol{\theta})^T$ の期待値を計算すればよく[3], 正規分布のフィッシャー情報行列は次のようになる:

---

[3] ヘッセ行列 $H(\mu, \theta)$ と行列 $\nabla_{\boldsymbol{\theta}} l(\boldsymbol{\theta}) \otimes \nabla_{\boldsymbol{\theta}} l(\boldsymbol{\theta})^T$ が等しいのではない.

$$\mathcal{I}(\boldsymbol{\theta}) = \left\langle \begin{pmatrix} \frac{\partial l(\mu,\sigma)}{\partial \mu} \\ \frac{\partial l(\mu,\sigma)}{\partial \sigma^2} \end{pmatrix} \otimes \left(\frac{\partial l(\mu,\sigma)}{\partial \mu}, \frac{\partial l(\mu,\sigma)}{\partial \sigma^2} \right) \right\rangle_p$$

$$= \left\langle \begin{pmatrix} (\partial l/\partial \mu)^2 & (\partial l/\partial \mu)(\partial l/\partial \sigma^2) \\ (\partial l/\partial \sigma^2)(\partial l/\partial \mu) & (\partial l/\partial \sigma^2)^2 \end{pmatrix} \right\rangle_p$$

$$= \begin{pmatrix} 1/\sigma^2 & 0 \\ 0 & 1/(2\sigma^2) \end{pmatrix}. \tag{9.22}$$

ここで記号 $\otimes$ は直積を表す.

9.4 赤池情報量基準

9.4.1 赤池情報量基準（AIC）

真の確率分布を $p(x)$，モデルの確率分布を $q(x,\theta)$ として，K-L 情報量

$$S(P \parallel Q) = \sum_x (p(x) \ln p(x) - p(x) \ln q(x,\theta))$$

を最小化するモデル（母数 θ）がよいモデルであるということになる．この式の右辺第 1 項はモデルによらない．したがって問題は第 2 項を最小とする，あるいは**平均対数尤度**（mean log-likelihood）

$$E_p[\ln q(\boldsymbol{x},\theta)] = \sum_{\boldsymbol{x}} p(\boldsymbol{x}) \ln q(\boldsymbol{x},\theta) \tag{9.23}$$

を最大とするモデルを決めることである．

以下の部分は，少し煩雑であるのでまずは途中の（小さい字で書いた）計算部分を飛ばして (9.32) の結果のみを考えてもよい．

以下では，独立な確率変数 $X = \{X_1, \cdots, X_m\}$ の値を $\boldsymbol{x} = \{x_1, x_2, \cdots, x_m\}$ と，またそれぞれの標本の大きさを $\{n_1, n_2, \cdots, n_m\}$ と書く（$n = n_1 + \cdots + n_m$）．

真のモデル $p(\boldsymbol{x})$ に対して，推定するモデル $q(\boldsymbol{x}|\theta)$ を考える（パラメトリック・モデル）：

$$q(\boldsymbol{x},\theta) = \prod_{i=1}^{m} q(x_i,\theta)^{n_i}, \quad \ln q(\boldsymbol{x},\theta) = \sum_{i=1}^{m} n_i \ln q(x_i,\theta). \tag{9.24a}$$

標本数 $n \to \infty$ の極限で次のように標本の対数尤度の平均が真の平均対数尤度と結びつく：

$$\lim_{n\to\infty} \frac{1}{n} \ln q(\boldsymbol{x},\theta) = \lim_{n\to\infty} \sum_{i=1}^{m} \frac{n_i}{n} \ln q(x_i,\theta) = \lim_{n\to\infty} \sum_{i=1}^{m} p_i \ln q(x_i,\theta)$$
$$= \langle \ln q(\boldsymbol{x},\theta) \rangle_p \equiv E_p[\ln q(\boldsymbol{x},\theta)]. \tag{9.24b}$$

パラメータ θ について次のように定義される θ_0 および $\hat{\theta}$ を考える：

最尤推定値 $\hat{\theta} : l(\hat{\theta}) = \ln q(\boldsymbol{x},\hat{\theta}) = \max_{\theta} \ln q(\boldsymbol{x},\theta)$

$$\to \frac{\partial}{\partial \theta} \ln q(\boldsymbol{x}|\theta) \Big|_{\theta=\hat{\theta}} = 0, \tag{9.25a}$$

真の値 $\theta_0 : \langle \ln q(\boldsymbol{x},\theta_0) \rangle_p = \max_{\theta} \langle \ln q(\boldsymbol{x},\theta) \rangle_p, \quad q(\boldsymbol{x},\theta_0) = p(\boldsymbol{x})$

$$\to \frac{\partial}{\partial \theta} \langle \ln q(\boldsymbol{x}|\theta) \rangle_p \Big|_{\theta=\theta_0} = 0. \tag{9.25b}$$

式 (9.24b) の n は抽出された標本 $\boldsymbol{x}$ の個数である．(9.25b) の $\langle \cdots \rangle_p$ は真の分布 $p(\boldsymbol{x})$ に関する離散の和または連続分布についての積分 (9.24b) である．

我々は $p(\boldsymbol{x})$ を知らないので $\langle \ln q(\boldsymbol{x},\theta) \rangle_p$ を直接計算することはできない．知ることができるのは標本抽出による $\ln q(\boldsymbol{x},\theta)$ である．したがって以下で考えることは，$\ln q(\boldsymbol{x},\theta)$ から $\langle \ln q(\boldsymbol{x},\theta) \rangle_p$ を見積もるための補正項を得ることである．

補正項 $\Delta(\hat{\theta})$ を式 (9.26) のように定義し，それを (9.27a)-(9.27c) のように分ける：

$$\langle \ln q(\boldsymbol{x},\hat{\theta}) \rangle_p = \frac{1}{n} \ln q(\boldsymbol{x},\hat{\theta}) - \Delta(\hat{\theta}), \tag{9.26}$$

$$\Delta(\hat{\theta}) = \left\{ \frac{1}{n} \ln q(\boldsymbol{x},\hat{\theta}) - \frac{1}{n} \ln q(\boldsymbol{x},\theta_0) \right\} \tag{9.27a}$$

$$+ \left\{ \frac{1}{n} \ln q(\boldsymbol{x},\theta_0) - \langle \ln q(\boldsymbol{x},\theta_0) \rangle_p \right\} \tag{9.27b}$$

$$+ \left\{ \langle \ln q(\boldsymbol{x},\theta_0) \rangle_p - \langle \ln q(\boldsymbol{x},\hat{\theta}) \rangle_p \right\}. \tag{9.27c}$$

これをさらに標本抽出の統計平均をとりながら見積もっていく．

- **式 (9.27a)**：$\ln q(\boldsymbol{x}, \theta_0)$ を $\hat{\theta}$ の周りでテイラー展開し，2次の項までとれば，

$$\ln q(\boldsymbol{x}, \theta_0) \simeq \ln q(\boldsymbol{x}, \hat{\theta}) + (\theta_0 - \hat{\theta}) \frac{\partial \ln q(\boldsymbol{x}, \theta)}{\partial \theta}\bigg|_{\theta = \hat{\theta}} + \frac{1}{2}(\theta_0 - \hat{\theta})^2 \frac{\partial^2 \ln q(\boldsymbol{x}, \theta)}{\partial \theta^2}\bigg|_{\theta = \hat{\theta}}.$$

ただし，展開の1次の項は最尤推定値 $\hat{\theta}$ の定義 (9.25a) により 0 となる．これに標本の和をとって，式 (9.27a) は

$$\frac{1}{n}\ln q(\boldsymbol{x}, \hat{\theta}) - \frac{1}{n}\ln q(\boldsymbol{x}, \theta_0) \simeq -\frac{1}{2n}\left\langle (\theta_0 - \hat{\theta})^2 \frac{\partial^2 \ln q(\boldsymbol{x}, \theta)}{\partial \theta^2}\bigg|_{\theta = \hat{\theta}} \right\rangle_p \quad (9.28\text{a})$$

となる．

- **式 (9.27b)**：標本の和をとれば，それが十分多数の標本であれば $\frac{1}{n}\ln q(\boldsymbol{x}, \theta_0) \to \langle \ln p(\boldsymbol{x}) \rangle_p$ $(n \to \infty)$ であるので次のように評価できる：

$$\left\{ \frac{1}{n} \ln q(\boldsymbol{x}, \theta_0) - \langle \ln q(\boldsymbol{x}, \theta_0) \rangle_p \right\} \simeq 0. \quad (9.28\text{b})$$

- **式 (9.27c)**：$\langle \ln q(\boldsymbol{x}, \hat{\theta}) \rangle_p$ を θ_0 の周りでテイラー展開すれば，仮定 (9.25b) により

$$\langle \ln q(\boldsymbol{x}, \hat{\theta}) \rangle_p \simeq \langle \ln q(\boldsymbol{x}, \theta_0) \rangle_p + \frac{1}{2}\left\langle (\hat{\theta} - \theta_0)^2 \frac{\partial^2 \ln q(\boldsymbol{x}, \theta)}{\partial \theta^2}\bigg|_{\theta = \theta_0} \right\rangle_p$$

となる．書き直せば次のとおり：

$$\langle \ln q(\boldsymbol{x}, \theta_0) \rangle_p - \langle \ln q(\boldsymbol{x}, \hat{\theta}) \rangle_p \simeq -\frac{1}{2}\left\langle (\hat{\theta} - \theta_0)^2 \frac{\partial^2 \ln q(\boldsymbol{x}, \theta)}{\partial \theta^2}\bigg|_{\theta = \theta_0} \right\rangle_p. \quad (9.28\text{c})$$

- 以上をまとめると，(9.28a)(9.28c) において

$$\frac{\partial^2 \ln q(\boldsymbol{x}, \theta)}{\partial \theta^2}\bigg|_{\theta = \hat{\theta}} \simeq \frac{\partial^2 \ln q(\boldsymbol{x}, \theta)}{\partial \theta^2}\bigg|_{\theta = \theta_0}$$

とし，(9.28a)-(9.28c) から，(9.26) で定義した<u>補正項の期待値</u>として

$$\langle \Delta(\hat{\theta}) \rangle_p = -\left\langle (\hat{\theta} - \theta_0)^2 \frac{\partial^2 \ln q(\boldsymbol{x}, \theta)}{\partial \theta^2}\bigg|_{\theta = \theta_0} \right\rangle_p \quad (9.29\text{a})$$

を得る．多数の標本について $\partial^2 \ln q(\boldsymbol{x}, \theta)/\partial \theta^2 \big|_{\theta = \theta_0}$ は，大数の法則と式 (9.19a) により，

$$\lim_{n \to \infty} \frac{1}{n} \frac{\partial^2 \ln q(\boldsymbol{x}, \theta)}{\partial \theta^2}\bigg|_{\theta = \theta_0} \simeq \left\langle \frac{1}{n} \frac{\partial^2 \ln q(\boldsymbol{x}, \theta)}{\partial \theta^2}\bigg|_{\theta = \theta_0} \right\rangle_p = -\mathcal{I}(\theta_0)$$

となる．これにより次式を得る：

$$\langle \Delta(\hat{\theta}) \rangle_p \simeq \langle (\hat{\theta} - \theta_0) \mathcal{I}(\theta_0)(\hat{\theta} - \theta_0) \rangle_p. \tag{9.29b}$$

- ここで少し<u>フィッシャー情報量に関する議論</u>を行う.

$(\partial/\partial\theta)l(\theta)\big|_{\theta=\hat{\theta}}$ を $\theta = \theta_0$ の周りで展開して

$$\frac{\partial}{\partial\theta}l(\theta)\Big|_{\theta=\hat{\theta}} = \frac{\partial}{\partial\theta}\ln q(\boldsymbol{x},\theta)\Big|_{\theta=\theta_0} + (\hat{\theta}-\theta_0)\frac{\partial^2}{\partial\theta^2}\ln q(\boldsymbol{x},\theta)\Big|_{\theta=\theta_0}$$

を得る. 左辺は (9.25a) により 0 である. 左右両辺に対して標本平均 ($1/n$ を掛けて $n \to \infty$) を行えば, 第 2 項には再び $-\mathcal{I}(\theta_0)$ が現れ,

$$0 = \frac{1}{n}\frac{\partial}{\partial\hat{\theta}}\ln q(\boldsymbol{x},\theta_0) - (\hat{\theta}-\theta_0)\mathcal{I}(\theta_0) \tag{9.30a}$$

を得る. これを用いると

$$\langle(\hat{\theta}-\theta_0)\mathcal{I}(\theta_0)^2(\hat{\theta}-\theta_0)\rangle_p = \left\langle\left(\frac{1}{n}\sum_{\boldsymbol{x}}\frac{\partial}{\partial\hat{\theta}}\ln q(\boldsymbol{x},\theta_0)\right)\left(\frac{1}{n}\sum_{\boldsymbol{y}}\frac{\partial}{\partial\hat{\theta}}\ln q(\boldsymbol{y},\theta_0)\right)\right\rangle_p$$

$$\simeq \frac{1}{n^2}n\left\langle\left(\frac{\partial}{\partial\hat{\theta}}\ln q(\boldsymbol{x},\theta_0)\right)^2\right\rangle_p = \frac{1}{n}\left\langle\left(\frac{\partial q(\boldsymbol{x},\theta_0)/\partial\theta_0}{q(\boldsymbol{x},\theta_0)}\right)^2\right\rangle_p = \frac{1}{n}\mathcal{I}(\theta_0)$$

となる. 最後の等号式は式 (9.19a) のフィッシャー情報量であることを用いた. 書き換えると次式を得る:

$$\langle\sqrt{n}(\hat{\theta}-\theta_0) \cdot \sqrt{n}(\hat{\theta}-\theta_0)\rangle_p = \mathcal{I}(\theta_0)^{-1}. \tag{9.30b}$$

- 式 (9.29b) の評価に戻ろう. (9.30b) を式 (9.29b) に代入し

$$\langle\Delta(\hat{\theta})\rangle_p \simeq \frac{1}{n} \tag{9.31a}$$

が得られる.

今, パラメータ θ は 1 つとしてきたが, k 個ある場合には式 (9.31a) の代わりに

$$\langle\Delta(\hat{\theta})\rangle_p \simeq \frac{k}{n} \tag{9.31b}$$

となる. よって

$$n\langle\ln q(\boldsymbol{x},\hat{\theta})\rangle_p = \ln q(\boldsymbol{x},\hat{\theta}) - k \tag{9.32}$$

を得る. 式 (9.32) の -2 倍を赤池情報量基準 (AIC) という[4].

---

[4] H. Akaike, Information Theory and an Extension of the Maximum Likelihood Principle, In B. N. Petrov and F. Csaki(Eds.), *Proceedings of the 2nd International Symposium on Information Theory*, pp.267-281 (1973)(Eds. B. N. Petrov

9.4 赤池情報量基準

赤池情報量基準（AIC）は，L を最大尤度，k を自由度数として，

$$\mathrm{AIC} = -2\ln L(\hat{\theta}) + 2k \tag{9.33}$$

と定義される．AIC が小さいモデルほど K-L 情報量が小さく，真の分布をよりよく表現したモデルであると判断される．

9.4.2 AIC の実験データ解析への応用

(a) データを多項式で整理する：最適多項式

与えられたデータ $\{x_i, y_i\}$ を多項式によって表そうとするとき，多項式の次数をいくつに選べばよいか考えよう．ここでやることは，最適多項式の次数 M をいろいろと変えて，その結果を AIC で評価し最適モデル（最適多項式）を選択しようというものである．

まず，サンプルデータの作成から行おう．適当な関数 $y=y(x)$ を選び，区間 $[a,b]$ で x 座標を一様乱数で選択しよう．この座標を $\{x_i\}_{i=1}^{N}$ とする ($a \le x_1 < x_2 < \cdots < x_{N-1} < x_N \le b$)．次に対応する y 座標の値を $y=y(x)$ に正規分布する誤差を加えて作成する：

$$y_i = y(x_i) + \mathrm{RN}(0, s^2).$$

$\mathrm{RN}(0, s^2)$ は平均値 0，標準偏差 s である乱数である．これを作成する MATLAB スクリプトを次頁に与えよう．区間 $[0, 2\pi]$，モデル関数 $y = \sin(x)$，$s = 0.2$ とした．結果は多項式近似の結果と重ねて図 9.3 に示す．

---

and F. Caski).
北川源四郎，東京大学数理・情報教育研究センター e-learning 教材「時系列解析（数理手法 Ⅶ）」．

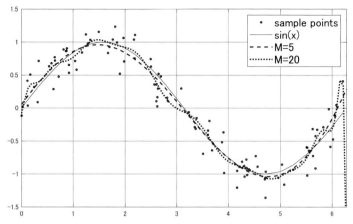

図 9.3 $\sin(x)$ と正規分布する乱数により作った標本点(点)と多項式の次数 $M=5,\ 20$ による表現.

───────── MATLAB 正規分布するばらつきを持った標本点の生成 ─────────
```
figure
rng(1,'twister');
N=100;
a=0;
b=2*pi;
s=0.2;
x(:)=sort(a+(b-a)*rand(N,1));
yp(:)=s*randn(N,1)
y=sin(x)+yp;
plot(x,y,'ok','LineWidth',1.2,'MarkerSize',2);hold on
plot(x,sin(x),'-k'); hold on                          つづく
```

- `rng(1,'twister')`:乱数発生に用いるメルセンヌ・ツイスターのシードを1に固定.これによりつねに同じ乱数列を用いることができる.

- ここではサンプル点とおおもとに使った $\sin(x)$ をプロット.$M=5, 20$ の多項式近似は次で行う.

この標本に対して,M 次多項式

$$y = p_1 x^M + p_2 x^{M-1} + \cdots + p_M x + p_{M+1} \tag{9.34}$$

をモデルとして,次のスクリプトに続く.最適多項式を求める命令文は p=polyfit(x,y,M) であり,polyval(p,xp) により xp における多項式の値が与えられる.

誤差の分布が正規分布で近似できると仮定すると対数尤度は $\ln L = -\frac{N}{2}\ln(2\pi\sigma_0^2) + \sum_{i=1}^{N}\left\{-\frac{(x_i-y(x_i))^2}{2\sigma_0^2}\right\}$ である.ここで $(1/N)\sum_{i=1}^{N}(x_i - y(x_i))^2 = \sigma^2$ と書いて $\frac{\partial \ln L}{\partial(\sigma_0^2)} = 0 \to \sigma_0^2 = \sigma^2$(最尤推定量)であるから $\ln L = -(N/2)\ln(2\pi\sigma^2) - (N/2)$ を得る.自由度の数 k は多項式の係数の数 $M+1$ であり,それを用いて

$$\mathrm{AIC} = -2\ln L + 2M = N\ln 2\pi + N\ln \sigma^2 + N + 2(M+1) \tag{9.35}$$

を得る.AIC を $M=1$-20 で計算するスクリプトを次に,結果を図9.4に示す.

──────── MATLAB(つづき) 標本点を表現する多項式と AIC ────────

```
plot(x,y,'ok','LineWidth',1.2,'MarkerSize',2);hold on
plot(x,sin(x),'-k'); xlim([a,b]); grid on; hold on
for M=1:1:20
  p=polyfit(x,y,M);
  x1=linspace(a,b);
  y1=polyval(p,x1);
  y2=polyval(p,x);
  if M==5
    plot(x1,y1,'--k','LineWidth',1.5);hold on
  end
  if M==20
    plot(x1,y1,':k','LineWidth',1.8);hold on
  end
  delta(:)=(y2-y).^2;
  D=(1/N)*sum(delta,'all');
  AIC(M)=-2*(-N/2*log(2*pi*D)-N/2)+2*(M+1);
end
legend('sample points','sin(x)','M=5','M=20','FontSize',15); hold off
plot(AIC,'-ok','LineWidth',1.2);grid on
xlabel('M','FontSize',12); ylabel('AIC','FontSize',12); hold off
```

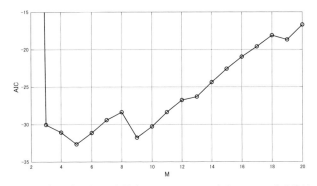

図 9.4 多項式近似の次数を $M = 1$-20 で変えて AIC を評価した．$M=5$ が最適多項式であることを示す．

- D は分散 σ^2．AIC は赤池情報量基準．
- 図 9.3 にある $M=5, 20$ の多項式の結果はこちらの部分で描いている．

図 9.4 に示された結果から，$M=5$ が最適多項式であることがわかる．

(b) 独立性の検定への AIC の応用

メンデルの遺伝の法則

7.3.1 項 (c) で行ったメンデルの遺伝の法則の実験結果を，AIC の立場から検討しよう．

全部で n 個のサンプルを，M 個の特徴にそれぞれ $x_k(k=1, \cdots, M)$ 個ずつ振り分けることを考える．これは M 項分布となるので，1 つのサンプルが k 番目の箱に入る確率を p_k とし，ここに入ったサンプル数が x_k 個あるとすれば全体の確率は

$$W_{x_1 \cdots x_M} = \frac{n!}{x_1! \cdots x_M!} p_1^{x_1} p_2^{x_2} \cdots p_M^{x_M}$$

である．この分布の対数尤度関数は

$$\ln L(\{p_{ij}\}) = \sum_i \sum_j x_{ij} \ln p_{ij} + \ln \frac{n!}{x_{11}! \cdots x_{M_A M_B}!} \tag{9.36}$$

となる．以下の議論を明確にするため式 (7.19) に対応して，箱の番号を縦

横の番号で指定し

$$x_k,\ p_k \to x_{ij},\ p_{ij}$$

と書くことにする.

ここで $\{p_{ij}\}$ に関する次の 2 つのモデル仮説 H_0, H_1 についてその AIC を検討してみよう.$\{x_{ij}\}$ についてはメンデルの実験結果を用いる.確率 p_{ij} はそれぞれの仮説に基づき最尤法により決める.

[仮説 H_0]:(a,b) と (α,β) は独立である.

$$p_{i\bullet} = \sum_{j=1,2} p_{ij},\quad p_{\bullet j} = \sum_{i=1,2} p_{ij}$$

としたとき,条件は $p_{1\bullet}+p_{2\bullet}=1$, $p_{\bullet 1}+p_{\bullet 2}=1$ である.「自由度の数」$=2$ である.(a,b) と (α,β) は独立であるから

$$p_{ij} = p_{i\bullet} p_{\bullet j}$$

である.これから $\sum_i \sum_j x_{ij} \ln p_{ij} = \sum_i \sum_j x_{ij} \ln p_{i\bullet} p_{\bullet j}$ である.これを $p_{1\bullet}$, $p_{\bullet 1}$ により偏微分し,最尤法により $p_{i\bullet}, p_{\bullet j}$ を決めると

$$\frac{p_{1\bullet}}{p_{2\bullet}} = \frac{x_{1\bullet}}{x_{2\bullet}},\quad \frac{p_{\bullet 1}}{p_{\bullet 2}} = \frac{x_{\bullet 1}}{x_{\bullet 2}}$$

となり,それらから

$$p_{i\bullet} = \frac{x_{i\bullet}}{n},\quad p_{\bullet j} = \frac{x_{\bullet j}}{n}$$

を得る.したがって

$$\sum_{i=1}^{2}\sum_{j=1}^{2} x_{ij} \ln p_{ij} = \sum_{i=1}^{2} x_{i\bullet} \ln(x_{i\bullet}/n) + \sum_{j=1}^{2} x_{\bullet j} \ln(x_{\bullet j}/n)$$
$$= \sum_{i=1}^{2} x_{i\bullet} \ln(x_{i\bullet}) + \sum_{j=1}^{2} x_{\bullet j} \ln(x_{\bullet j}) - 2n \ln n$$
$$= -619.6445$$

である.

[仮説 H_1]:(a,b) と (α,β) は相互依存性がある.
条件 $p_{11}+p_{12}+p_{21}+p_{22}=1$ であるから「自由度の数」$=3$.式 (9.36) に

$p_{22} = 1 - (p_{11} + p_{12} + p_{21})$ を代入して最尤法を用いれば

$$\frac{x_{11}}{p_{11}} = \frac{x_{12}}{p_{12}} = \frac{x_{21}}{p_{21}} = \frac{x_{22}}{p_{22}}$$

を得る．これから

$$p_{ij} = \frac{x_{ij}}{n}$$

となり

$$\sum_{i=1}^{2}\sum_{j=1}^{2} x_{ij} \ln p_{ij} = \sum_{i=1}^{2}\sum_{j=1}^{2} x_{ij} \ln x_{ij} - n \ln n = -619.5859.$$

以上から 2 つのモデルに対する AIC をまとめると定数を別にして

$$\text{AIC}(H_0) = -2 \times (-619.6445) + 2 \times 2 = 1243.2889,$$
$$\text{AIC}(H_1) = -2 \times (-619.5859) + 2 \times 3 = 1245.1718.$$

AIC の視点から，H_0 と H_1 を比べれば，(a, b) と (α, β) は独立であるとするモデル H_0 がより適切なものであることがわかる．

これらに関するスクリプトを以下に示す．

―― MATLAB メンデルの遺伝の法則

```
x=[315 108; 101 32];
n=sum(x,'all')
%H0
y=[sum(x,1),sum(x,2)'];
AIC1=-2*(y*log(y')-2*n*log(n))+2*2
        AIC1 = 1243.2889
%H1
AIC1=-2*(sum(x.*log(x),'all')-n*log(n))+2*3
        AIC2 = 1245.1718
```

喫煙習慣と性別との依存性の判定

7.3.1 項 (c) における例は，ある病院における喫煙習慣と性別の依存性を χ^2 検定した．この例で

[仮説 H_0]：(a, b) と (α, β) は独立である．

[**仮説 H_1**]：(a,b) と (α,β) は相互依存性がある．

のいずれのモデルがより適切であるか AIC の視点から判定しよう．「メンデルの遺伝の法則」で用いたスクリプトをそのまま用いて

$$\mathrm{AIC}(H_0) = 270.4763, \quad \mathrm{AIC}(H_1) = 267.9440$$

を得る．したがって，AIC から判断して，喫煙習慣は性別に依存するという仮説 H_1 の方がより適切なモデルであるといえる．

第10章 時系列解析

ある観測量の時間的な変化を記録したデータを時系列とか，時系列データという．このような時間順序がついたデータの現在までの情報をもとに，今後の動き（時間発展）を予測したりそれにもとづいて判断・制御を行いたいという問題は実用上非常に多くある．本章では，このような解析のための統計的な手法，時系列解析について扱う．

10.1 時系列と前処理

10.1.1 時系列

ある観測量の時間的な変化を記録したものを時系列という．一般には，観測した時刻の組 $\{t_n\} = t_1, t_2, \cdots, t_N$ についての観測値の組 $\{\vec{x}_t\} = \vec{x}(t_1), \vec{x}(t_2), \cdots, \vec{x}(t_N)$ の形をとる．

$\vec{x}_t$ が1つの数値（スカラー値）の場合は単変量時系列といい，多数の値の組の場合は多変量時系列という．観測時刻 t_n が離散的な値のみをとる場合（毎秒/時/日/週/月/年のような定期的観測など）を離散時間時系列，連続的な値をとる場合（何かのイベントが起きたときにその時刻とともに記録される場合など）を連続時間時系列という．以下では，とくに説明がない限り等間隔離散時間の単変量時系列

$$\{x_t\} = x_1, x_2, \cdots, x_N \quad (t_i = t_{i-1} + \Delta t) \tag{10.1}$$

を対象とする．

実際の時系列データの典型的な例を図 10.1 に示す[1]．このような時系列

---

[1] 気温のデータは https://www.data.jma.go.jp/risk/obsdl/index.php，ショウジョウバエのデータは https://datadryad.org/stash/dataset/doi:10.5061/dryad.bcc2fqzdq

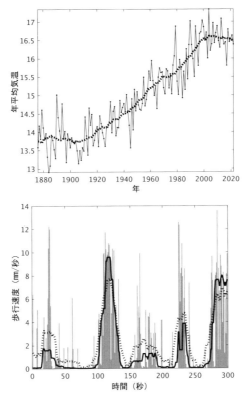

図 10.1 （上）東京の年平均気温（点線は前後 10 年の 21 年移動平均値）と（下）ショウジョウバエの歩行速度（点線と実線はそれぞれ前後 10 秒の 21 秒移動平均値と移動中央値）．

と一般の統計データとの違いは，データ x_t の間に一方向的な因果や相関（影響）の構造があるかどうか，またはそのような構造を持つモデルを考えるかどうかにある．一般に物理系は十分な自由度の次元をとった状態ベクトル $\vec{x}_t$ によってその離散時間のダイナミクスが $\vec{x}_t = \vec{f}_t(\vec{x}_{t-1})$ と書けるから，統計モデルとしてはこれにノイズが乗った確率過程 $\vec{X}_t = \vec{f}_t(\vec{X}_{t-1}) + \vec{\xi}_t$ を考えるのが自然である．

このような時間方向の関係性が重要かどうかは，時刻順序をランダムにシ

にてそれぞれ公開されている．

ャッフルしたデータと比べて考えてみるのがよい．完全にシャッフルしたデータでは，時系列を同一の分布に従う独立な標本（IID）として扱うことができるので既述の統計解析の考え方がそのまま使える．このようなデータを時系列解析では**白色雑音**（white noise）と呼び，分析の基本となる．

10.1.2 前処理

時系列の記述や解析にあたっては，わかりやすい変動の構造（上昇や下降など単調な変動（トレンド）や周期的変動など）の分離や，その後の統計解析やモデリングのため，以下に説明するような前処理が施されることが多い．これらの前処理は時系列の特徴を摑むためにも有用である．また一方で，各分野ではこのような前処理がされたものを扱うことが慣例となっている場合もあるのでその影響について理解しておく必要がある．

(a) 変数変換

時系列変数に利用される変換の代表的なものを以下にいくつかあげる：

- 対数変換 $z_t = \log x_t$：$x_t\ (>0)$ が値の大きい方に幅広く分布している場合に正規分布に近い分布に変換するなど．

- Box-Cox 変換 $z_t = (x_t^\lambda - 1)/\lambda$：同じく $x_t\ (>0)$ が非対称な分布に従っている場合に対称に近い分布にするためなど．$\lambda \to 0$ の極限に対数変換：$z_t = \ln x_t$ を含む．

- ロジット変換 $z_t = \log\left[x_t/(1-x_t)\right]$：確率や割合に対応する変数 $x_t \in (0,1)$ を区間 $(-\infty, \infty)$ の変数に変換する場合など．

これらの変換は，z_t が従う分布を正規分布的にするために施されることが多いが，元の変数に戻って意味を考える必要がある際には注意が必要である．たとえば，対数変換した変数について加算的な量を考えることは元の量での乗算的な量を扱うことに対応する：$z_t = \ln x_t \to \sum_t z_t = \ln\left(\prod_t x_t\right)$．

(b) 階差（差分）と前期比

時系列 x_t が時間的に単調な変動（傾向変動[2]）を含んでいたり，後述のランダムウォーク的な振る舞いをすることなどが疑われる場合に，その除去を目的として元の時系列の階差（差分）：

$$z_t = \Delta^1[x_t] \equiv x_t - x_{t-1} \tag{10.2}$$

をとることがある．実際，x_t がある期間で時間に対して線形の変動を含んでいる場合，それを含まない分を $\tilde{x}_t$ として $x_t = \tilde{x}_t + Ct$ と書けば，$\Delta^1[x_t]$ $= \tilde{x}_t - \tilde{y}_{t-1} + C$ であるから，その傾向変動を除去することができる．また，x_t が後述のランダムウォークの場合：$x_t = x_{t-1} + \xi_t$ も，$z_t = \xi_t$ は白色雑音となるので後述の非定常性を除去できる．同様に，

$$\Delta^k[x_t] \equiv \Delta^{k-1}[x_t] - \Delta^{k-1}[x_{t-1}] \tag{10.3}$$

で定義される高階の階差をとることで，時間 t の k 次までの多項式の形の変動成分を除去することができる．

金融や経済の指標などでは，周期 p だけ離れた過去の時点との前期比：$z_t = x_t / x_{t-p}$ を扱うことも多い．$\log z_t = \log x_t - \log x_{t-p}$ であるから，前期比をとることは対数変換と階差の組み合わせで理解することができる．

MATLAB でデータ x_t の k 階差分を得るには z=diff(x,k) と書けばよい．また，x_t から k 次多項式の変動成分を除去した時系列を得るのが目的の場合は z=detrend(x,k) とすればよい．

(c) 移動平均と移動中央値

元の時系列を比較的ゆっくりした変動 $\tilde{x}_t$ と速い変動（ノイズなど）ξ_t の和：$x_t = \tilde{x}_t + \xi_t$ とみなした場合に，このうちの速い変動成分を除去する目的でしばしば前後 k ステップの移動平均：

$$z_t = \frac{x_{t-k} + x_{t-k+1} + \cdots + x_t + \cdots + x_{t+k-1} + x_{t+k}}{2k+1} \tag{10.4}$$

が用いられる（例：図 10.1）．実際，この $2k+1$ 項の移動平均をとることで

---

[2] 経済や金融など実データ解析の各分野では「トレンド」と呼ばれることも多い．

期間 $2k+1$ 以下の周期の周期的変動は除去される．ξ_t が時間一定の分散 σ^2 を持つ独立なノイズの場合，このノイズに起因する分散は移動平均時系列では元の $(2k+1)^{-1}$ 倍に小さくなる．より一般に，一様ではない重み $\omega_i \geq 0$ $\left(\sum_{i=-k}^{k} w_i = 1\right)$ での移動平均 $z_t = \sum_{i=-k}^{k} w_i x_{t+i}$ が用いられることもあるがこの場合も移動平均の分散は $\sum_{i=-k}^{k} w_i^2$ (≤ 1) 倍に小さくなる．

移動平均の代わりに，各期間での移動中央値

$$z_t = \text{median}\,(x_{t-k}, \cdots, x_t, \cdots, x_{t+k}) \tag{10.5}$$

をとることも多い．平均値に比べて中央値は外れ値に強く，また時系列のある時点での期待値 $E[X_t]$ に急な変化がある場合にこれを検知するのには移動平均より向いている（図 10.1 下の例参照）．

MATLAB では，データ x_t の $m=2k+1$ 項の移動平均値 A を計算するには A = movmean(x,m)，移動中央値 M については M = movmedian(x, m) と書けばよい．図 10.1 もこのように計算したものである．時系列の最初と最後の近くでは中心点の前後に参照できる点がなくなってしまう場合があるが，このような場合は自動的にカットされた範囲について計算される．MATLAB でのこれらの前処理の動作を下の例で確認しよう：

---- MATLAB での時系列前処理の動作例 ----

```
x=[4 8 6 -1 -2 -3]; %前処理前の時系列
D1=diff(x,1) %1階の階差
  D1 =   4  -2  -7  -1  -1
DT=detrend(x,1) %1次のトレンドを除去した時系列
  DT = -3.1429   2.9143   2.9714  -1.9714  -0.9143   0.1429
A=movmean(x,3) %3点の移動平均値
  A =   6.0000   6.0000   4.3333   1.0000  -2.0000  -2.5000
M=movmedian(x, 3) %3点の移動中央値
  M =   6.0000   6.0000   6.0000  -1.0000  -2.0000  -2.5000
```

10.2 定常性と時間相関

10.2.1 時系列の定常性

10.1.2 項ですでに問題にしてきた，時系列の定常性（性質が時間的に変わ

らないこと）についてより具体的に整理しておこう．

(a) 強定常性

時系列 X_t の従う同時確率分布 (4.2) が時間変化しない，すなわち

$$F(x_{t_1}, x_{t_2}, \cdots, x_{t_m}) = F(x_{t_1+s}, x_{t_2+s}, \cdots, x_{t_m+s}) \qquad (10.6)$$

が成り立つ場合，その時系列は強定常性を満たすという．ただしここで，比較する2時刻間のタイムラグ（time lag, 時間遅れ）$s \geq 1$ は任意にとれるものとし，また同時確率の次元 m も任意に大きくとれるものとする．

たとえば，ほぼ自明な例として X_t が同一の確率分布に独立に従う（独立同一分布（IID））場合，その時系列は明らかに強定常性を満たす．前述のとおり，このような時系列は一般に「白色雑音」と呼ばれる．もう少し示唆的な簡単な例としては，白色雑音 X_t の移動平均：

$$Z_t = w_0 X_t + w_1 X_{t-1} + \cdots + w_m X_{t-m} \qquad (10.7)$$

も強定常性を満たす[3]．この場合は時系列 Z_t の値自体の分布は直近の値に依存するが，移動平均に含まれる過去の値を含めた同時分布 $F(x_t, \cdots, x_{t-m})$ は不変なわけである．

時系列の従う確率モデルの性質がまったく変わらないとするこの定義はわかりやすく，モデルがあるときにそれについて定常性を考えるのには便利である．たとえば，時間的にそのダイナミクスが変わらない確率過程：$\vec{X}_t = \vec{f}(\vec{X}_{t-1}) + \vec{\xi}_t$ は一般に強定常性を満たす．一方で強定常性は，観測された時系列から定常性を検証するのに使うには不便である．そこで，そのような目的のためには，より扱いやすい次の弱定常性を用いることが多い．

(b) 弱定常性

時系列 X_t について，任意の時間差 $s \geq 1$ に対して以下が成り立つとき，その時系列は弱定常性を満たすという．

1. 平均が存在して時間によらない：$E[X_t] = E[X_{t+s}]$

---

[3] これは後述（10.3.3 項 (a)）の MA モデルの定常な場合の一例でもある．

210　第 10 章　時系列解析

2. 分散が存在して時間によらない：$V[X_t] = V[X_{t+s}]$
3. 自己共分散が存在して時間によらない：$\mathrm{Cov}(X_t, X_u) = \mathrm{Cov}(X_{t+s}, X_{u+s})$

たとえば，トレンドのある時系列は $E[X_t] = \mu_0 + Ct$ となるから弱定常でない．時刻に対応した周期性（季節性）がある場合も同様である．前述の前処理はこの弱定常性が比較的よく成り立つ時系列への変換を意図して行われることが多い．

MATLAB では，時刻 t を中心にした m 個の時系列の移動不偏分散値 V_t を V=movvar(x,m) で簡単に計算できる．対象の時系列についてはまずその平均や分散が時刻によらないとみなせるかどうかチェックするようにしよう．

(c)　強定常性と弱定常性の関係

強定常性の方が厳しい条件であることとその名称から，「強定常ならば弱定常」と思いたくなるが，これには注意が必要である．実際，たとえば既出のコーシー分布：$p(x_t) = \left(\dfrac{1}{\pi}\right) \dfrac{\alpha}{(x_t - \mu)^2 + \alpha^2}$ には平均や分散が存在しないので，この分布に各時刻独立に従う時系列は強定常性を満たすが弱定常性は満たさない．平均，分散，共分散などの平均量が存在する時系列については「強定常 → 弱定常」が成り立つ．また，弱定常性は 3 次以上の高次のモーメントについて考慮しないので，「弱定常 → 強定常」の関係は一般に成り立たない．

10.2.2　自己相関

(a)　自己共分散と自己相関関数

弱定常な時系列については，観測時刻間のタイムラグ k に対する**自己共分散関数**（autocovariance）C_k とそれを正規化した**自己相関関数**（autocorrelation）R_k：

$$C_k \equiv \mathrm{Cov}\,(X_t, X_{t-k}), \quad R_k \equiv \mathrm{Cor}\,(X_t, X_{t-k}) = \frac{\mathrm{Cov}\,(X_t, X_{t-k})}{\sqrt{V[X_t]\,V[X_{t-k}]}} = \frac{C_k}{C_0} \tag{10.8}$$

がその時系列の特徴を摑む基本となる．2つの違いは C_0 で正規化しているかどうかだけなので，自己共分散や自己相関関数に比例する量を明確に区別せず自己相関と呼ぶことも多い．弱定常性より

$$C_{-k} = \mathrm{Cov}\,(X_t, X_{t+k}) = \mathrm{Cov}\,(X_{t+k}, X_t) = \mathrm{Cov}\,(X_t, X_{t-k}) = C_k \tag{10.9}$$

であり，また期待値について一般に成り立つ不等式：$E[A^2]\,E[B^2] \geq (E[AB])^2$ より $|C_k| \leq C_0$ であるので，自己共分散関数と自己相関関数は原点に最大値を持つ偶関数である．

(b) 偏自己相関

R_k にはそのタイムラグの間に含まれる任意の時点 t' を介しての影響（$x_{t-k} \to x_{t'} \to x_t$ や $x_{t-k} \to x_{t'} \to x_{t''} \to x_t$ など）で説明できる分の相関がすべて含まれている．これらの影響を除いた，「k だけ離れた時刻の間の直接の相関（偏相関）」を**偏自己相関係数**（partial autocorrelation）という．この量の具体的な計算方法については 10.3 節で紹介する．

(c) 標本自己相関

時系列データから自己相関を計算するには，弱定常性の仮定のもと期待値 $E[\cdot]$ をデータ内での基準時刻 t についての標本平均に置き換える：

$$\begin{aligned}
\text{標本平均}: \hat{\mu}_y &= \frac{1}{N}\sum_{t=1}^{N} x_t, \\
\text{標本自己共分散}: \hat{C}_k &= \frac{1}{N}\sum_{t=k+1}^{N} (x_t - \hat{\mu}_y)(x_{t-k} - \hat{\mu}_y), \\
\text{標本自己相関}: \hat{R}_k &= \hat{C}_k / \hat{C}_0.
\end{aligned} \tag{10.10}$$

横軸にタイムラグをとって標本自己共分散関数を図示したものは**コレログラ**

ム (correlogram) と呼ばれる[4]. ここで標本共分散の計算に際して $N-k$ ではなく N で割っているのは慣用によるが，不自然に思うかもしれない．実際，$E\left[\frac{N}{N-k}\hat{C}_k\right]=C_k$ なので不偏な統計量は $N-k$ で割った方である．それぞれのライブラリやプログラムでどちらの定義を使っているかについては確認するとよい．たとえば，以下で紹介する MATLAB スクリプトでの xcorr は N で割った (10.10) の方を計算する．

(d) 自己相関関数の形状の例

MATLAB を使っていくつかのモデル時系列の例について標本自己相関を計算した例が図 10.2（2 行目）である．まず左端の白色雑音（各時刻独立なノイズ）：$x_t = \xi_t$ $(\xi_t \sim N(0, \sigma^2), E[\xi_t \xi_{s \neq t}] = 0)$ の場合は，自己相関関数はデルタ関数状になる．実際この場合，中心極限定理より

$$\hat{C}_0 \sim N\left(\sigma^2, \frac{2\sigma^4}{N}\right), \ \hat{C}_{k \neq 0} \sim N\left(0, \frac{\sigma^4}{N}\right) \ \rightarrow \ \hat{R}_{k \neq 0} \sim N\left(0, \frac{1}{N}\right) \tag{10.11}$$

が成り立つ．このことから一般に，原点以外で $\frac{1}{\sqrt{N}}$ の範囲に自己相関が収まっている時系列は白色雑音的であるとみなせる．

一方で，ある時刻の値が過去の時刻の値に依存する場合（同図 2 列目）は自己相関関数がノイズレベルの $\frac{1}{\sqrt{N}}$ の範囲に埋もれるまで減衰するのに有限の時間差を要する．この減衰の速さから，どの程度の時間差まで相関が残るか見積もれるわけである．時系列に振動的な成分が含まれている場合（同図 3 列目，AR(2) モデル，10.3.1 項参照）は，自己相関関数にはその振動の周期に対応したピークとなって反映される．

(e) 相互相関

多変量の時系列において 2 つの時系列 $\{X_t\}, \{Y_t\}$ の間の関係を読むための統計量としては，**相互共分散関数**と**相互相関係数**：

$$C_k(X, Y) = \text{Cov}(X_t, Y_{t-k}), \quad R_k(X, Y) = \frac{C_k(X, Y)}{C_0(X, Y)} \tag{10.12}$$

---

[4] 同様に，時系列から計算した偏自己相関係数を図示したものは偏コレログラムと呼ばれる．

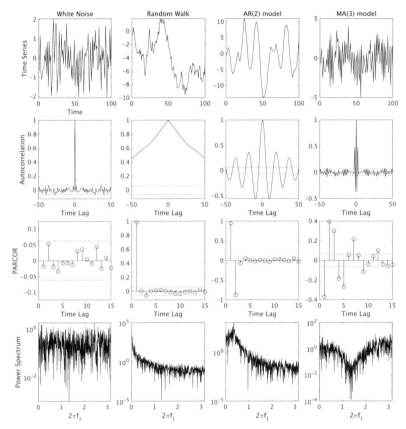

図 10.2 基本的な線形モデルの時系列（1 行目）とその標本自己相関（2 行目），偏自己相関（3 行目），パワースペクトル（4 行目）．1 列目は白色雑音，2 列目はランダムウォーク，3 列目 AR(2) は自己回帰モデル，4 列目 MA(3) は移動平均モデル（各モデルの係数は別途スクリプト参照）．自己相関と偏自己相関のパネルの水平線は今回の時系列の長さ N に対応したノイズレベルの 95% 区間（$\approx \pm 1.96/\sqrt{N}$）．

が基本となる．MATLAB では xcorr(x,y) で計算できる．

　これらは一般に偶関数ではなく，また原点が最大であるとも限らない．相互相関が最も高くなるタイムラグからは，どちらの時系列が先行指標として使えるかの目安が得られる．ただし，これがただちに両者の間の因果を意味するものではないことに注意が必要である．また，同じく相関係数一般にい

えることとして，これらの相関指標はすべて線形な相関を評価するものであり，時系列間の非線形な関係性は検出できるとは限らないことにも注意が必要である．

10.2.3 周波数解析
(a) パワースペクトル

自己共分散関数のフーリエ変換：

$$p(f) = \sum_{k=-\infty}^{\infty} C_k e^{-2\pi i k f} = C_0 + 2\sum_{k=1}^{\infty} C_k \cos(2\pi k f) \tag{10.13}$$

をパワースペクトルという．実時系列の自己共分散関数は k の実偶関数であるためそのフーリエ変換も実偶関数になる．上式の右辺はこれをあらわに書いた表式である．時系列 x_t のフーリエ変換を $\mathcal{X}_f$ とすれば

$$\begin{aligned} p(f) &= \lim_{N\to\infty} \sum_{k=-(N-1)}^{N-1} e^{-2\pi i k f} \left(\sum_{t=k+1}^{N} \frac{x_t x_{t-k}}{N-k} \right) \\ &= \lim_{N\to\infty} \frac{1}{N-k} \sum_{t=k+1}^{N} e^{-2\pi i t f} x_t \left(\sum_{\xi=t-N+1}^{t+N-1} e^{2\pi i \xi f} x_\xi \right) \quad (\xi = t-k) \\ &= \frac{\mathcal{X}_f \mathcal{X}_{-f}}{N} = \frac{|\mathcal{X}_f|^2}{N} \end{aligned}$$

であるから[5]．パワースペクトルはその名称どおり元の時系列に含まれる振動成分の2乗（パワー）の分布である．この関係はウィーナー–ヒンチンの定理と呼ばれる．自己共分散のフーリエ変換であることからも明らかなように，逆フーリエ変換によって元の時系列を再現するために必要な位相成分の情報については失われている．

(b) ピリオドグラム

ある時系列のパワースペクトルの推定には，その時系列のフーリエ変換の絶対値の2乗をとるか，標本自己共分散関数のフーリエ変換を用いる．標

---
[5] 表式の簡単のためここでは時系列の平均 $\mu_y = p(0) = 0$ とした．

本自己共分散関数は有限のラグ k までについての関数なので，この場合は離散な周波数 $f_l = l/N$ についてのフーリエ展開：

$$\hat{p}(l) = \sum_{k=-(N-1)}^{N-1} \hat{C}_k e^{-2\pi i k f_l} = \hat{C}_0 + 2\sum_{k=1}^{N-1} \hat{C}_k \cos(2\pi k f_l) \qquad (10.14)$$

になる．これを周波数 f_l や角周波数 $2\pi f_l$ に対して図示したものは**ピリオドグラム**（periodogram）と呼ばれる．MATLAB では `periodogram(x)` で計算することができる．

図 10.2 ではそれぞれの時系列のパワースペクトルを最下段に示した．白色雑音のパワースペクトルは，標本自己共分散がデルタ関数的（式 (10.11)）であることから平坦になる（図 1 列目）．一方で，ランダムウォークのパワースペクトルは $f = 0$ にピークを持って $1/f^2$ の形状を示す（図 2 列目）[6]．時系列に振動的な成分が含まれる場合は，その振動数に対応したピークが現れる（図 3 列目）．

これまで自己相関関数やパワースペクトルの形状の例として紹介してきた図 10.2 を描くための MATLAB スクリプトを紹介しておこう．まずは時系列の生成であるが，ここで使われている基本的な線形モデルについては次節で紹介する．

---

[6] それぞれ「白色」雑音，$1/f^2$ ノイズなどと呼ばれる由来である．

216　第10章　時系列解析

---- MATLAB 時系列の生成の例（図 10.2）

```
%時系列の長さなどの初期設定
N=1000; t=1:N; rng(1,'twister');

%白色雑音（ガウス分布）
x1=randn(1,N);

%ランダムウォーク
x2=x1;
for n=2:N
    x2(n)=x2(n-1)+x2(n);
end

%自己回帰 AR(2) model
x3=x1;
for n=3:N
    x3(n)=x3(n)+1.8*x3(n-1)-0.9*x3(n-2);
end

%移動平均 MA(3) モデル
x4=x1;
for n=4:N
    x4(n)=1.5*x1(n-1)-0.5*x1(n-2)+1.2*x1(n-3);
end
```

- `rng(1,'twister')`：乱数生成器の初期化の命令．乱数生成の初期値に 1，乱数生成器としてメルセンヌ・ツイスターを指定している．

- `randn(1,N)`：標準正規分布に従う N 点のデータを生成する命令．

各時系列モデルにおけるノイズの影響がわかりやすいように，このスクリプトの例ではすべての時系列で白色雑音 ξ_t の列に同じ乱数の列を使っている（6行目の x2=x1;）が，これに代えて x2=randn(1,N); として別の白色雑音を用いれば，それぞれ互いに独立な時系列となる．

続いて，生成した時系列 $x1$（白色雑音）についての自己相関などの計算とプロットのやり方の例を示す（図 10.2 の 1 列目）．スクリプト中の $x1$ を $x2, x3, x4$ などに置き換えれば，上で用意した他の時系列についての計算とプロット（図 10.2 のそれぞれ 2, 3, 4 列目）ができる．

10.2 定常性と時間相関　217

―― MATLAB 時系列とその自己相関・パワースペクトルなどの計算例（図 10.2）――

```
%自己相関関数のタイムラグの最大値と，ARモデルの最大次数の設定
maxlag=50; ARlag=15;

%時系列そのもののプロット
plot(t,x1,'k');
xlim([0 100]);
xlabel('Time'); ylabel('Time Series');

%自己相関関数の計算とプロット
[c, lags]=xcorr(x1, maxlag, 'normalized');
plot(lags,c,'k'); xlabel('Time Lag'); ylabel('Autocorrelation');
conf = sqrt(2)*erfinv(0.95)/sqrt(N);
ylim([-2*conf 1]);
hold on
plot(xlim,[1 1]'*[-conf conf],'r-.');
hold off

%Yule-Walker 法による偏自己相関関数の計算とプロット
[a, e, rc]=aryule(x1-mean(x1), ARlag);
stem(-rc, 'k')
xlim([0 ARlag])
ylim([-2*conf 2*conf])
hold on
plot(xlim,[1 1]'*[-conf conf],'r-.')
hold off
xlabel('Time Lag')
ylabel('PARCOR')

%パワースペクトル（ピリオドグラム）の計算とプロット
[ps, f]=periodogram(x1);
semilogy(f, ps, 'k')
xlabel('2\pi f_1')
ylabel('Power Spectrum')
```

- xcorr(x,y,maxlag, 'normalized')：ベクトル x と y の相互相関係数．$\mathrm{Cov}\,(x_t, x_{t-k})$（式 (10.12)）を maxlag までの時間差に対して計算する関数．'normalized' は原点で 1 に規格化する指定．したがってこのスクリプトの例では時系列の自己相関関数を返している．

- aryule(x,ARlag)：後述の Yule-Walker 法を用いて入力 x の偏自己相関係数 $a_m^{(m)}$=-rc を ARlag の次数（回帰のタイムラグ）まで求める関

- `periodogram(x)`：時系列 x のピリオドグラムを計算する関数．；なしで `periodogram(x)` とだけ書けばその時点で描画もされる．

10.3 線形時系列モデルとその活用

時系列解析の基本となるのは，定常な線形時系列モデルに基づいた扱いである．以下では線形モデルとその活用例を紹介する．

10.3.1 自己回帰（AR）モデル

ある時刻の時系列の値が，直近の過去の時系列の線形和 + 独立なノイズで説明されるとしたモデル：

$$x_t = \sum_{i=1}^{m} a_i x_{t-i} + \xi_t \qquad \left(\xi_t \sim N(0, \sigma^2),\ E[\xi_t \xi_{s(\neq t)}] = 0\right) \tag{10.15}$$

を**自己回帰**（Auto Regression, AR）**モデル**といい，$AR(m)$ と表す．

(a) AR(1) モデルとその定常性

まず一番簡単な $AR(1)$ モデル

$$x_t = a x_{t-1} + \xi_t = \sum_{s=0}^{\infty} a^s \xi_{t-s} \tag{10.16}$$

について考えよう．$|a| < 1$ のとき上式右辺の級数は絶対収束するから，このときこの時系列の期待値は

$$E[x_t] = \sum_{s=0}^{\infty} a^s E[\xi_{t-s}] = 0, \tag{10.17}$$

$$E\left[x_t^2\right] = E\left[\left(\sum_{s=0}^{\infty} a^s \xi_{t-s}\right)^2\right] = \sum_{s=0}^{\infty} a^{2s} \sigma^2 = \frac{\sigma^2}{1-a^2} \tag{10.18}$$

と計算でき，ここからこの時系列は弱定常であることが確認できる．

$a=1$ の場合は**ランダムウォーク**と呼ばれるとくに重要な過程である[7]．この場合，$x_0=0$ として計算すると $x_t=x_{t-1}+\xi_t=\sum_{s=0}^{t}\xi_s$ であるので，

$$E[x_t]=\sum_{s=0}^{t}E[\xi_s]=0, \quad E[x_t^2]=\sum_{s=0}^{t}E\left[\xi_s^2\right]=t\sigma^2 \tag{10.19}$$

となり，時系列の平均の期待値は 0 であるものの分散の期待値は時刻 t とともに発散していくことがわかる．つまり，この過程は定常ではない．

AR(1) モデルの時間変化の差分（階差）が $\Delta^1 x_t=-(1-a)x_{t-1}+\xi_t$ と書けることから，このモデルのダイナミクスは「$x_t=0$ を中心とした線形ポテンシャル $V(x)=\left(\frac{1-a}{2}\right)x^2$ 中のランダムウォーク」とみなせることがわかる．$a<1$ の場合は x_t がこのポテンシャルによって閉じ込められる中で揺らぐことで $t\to\infty$ で定常分布に従い，一方 $a=1$ の場合はポテンシャルがないので x_t に典型的な値が存在せず，時間的に拡散していくわけである．$a>1$ の場合は x_t に出発点 0 から加速して離れていく力が働いている場合に対応し，x_t は揺らぎながらも指数的に発散していくので種々の統計解析に馴染まずまたその必要性も薄い[8]．

(b) AR(m) モデルの弱定常条件

一般の m についての AR(m) モデル (10.15) は

---

[7] 一般にランダムウォークという場合は ξ の従う分布 IID の形状までは限定しない．$P(\xi_t=1)=P(\xi_t=-1)=1/2$ の場合をとくに単純ランダムウォークという．

[8] $a=1$ のランダムウォークの場合（図 10.2）に加えて，$a<1$ の場合を図 10.3（左）に示した．ここからわかるように，時系列から $a<1$ であるかどうか見分けるのは一般に容易ではない．気候のデータから気温などが定常性（安定性）を持っているのかを考えるなどが重要な問題の例である．

$$\vec{x}_t \equiv \begin{pmatrix} x_t \\ x_{t-1} \\ \vdots \\ x_{t-n+2} \\ x_{t-n+1} \end{pmatrix} = \begin{pmatrix} a_1 & a_2 & \cdots & a_{n-1} & a_n \\ 1 & 0 & \cdots & 0 & 0 \\ \vdots & \ddots & \ddots & \vdots & \vdots \\ 0 & 0 & \ddots & 0 & 0 \\ 0 & 0 & \cdots & 1 & 0 \end{pmatrix} \begin{pmatrix} x_{t-1} \\ x_{t-2} \\ \vdots \\ x_{t-n-1} \\ x_{t-n} \end{pmatrix} + \begin{pmatrix} \xi_t \\ 0 \\ \vdots \\ 0 \\ 0 \end{pmatrix}$$
(10.20)

と,$\vec{x}_t = \boldsymbol{A}\vec{x}_{t-1} + \vec{\xi}_t$ の形に書ける.このため,この行列 $\boldsymbol{A}$ の固有値,すなわち固有方程式

$$\lambda^n - \sum_{i=1}^m a_i \lambda^{n-i} = 0 \tag{10.21}$$

の解のうち,絶対値が最大のものを $\lambda_{\max}$ とすると,その固有値の絶対値 $\Lambda \equiv |\lambda_{\max}|$ が,AR(1) モデルの場合の a と同様に時系列の定常性を決める.すなわち,$\Lambda > 1$ の場合,対応する固有モードは時間的に発散しうるので弱定常性が満たされなくなる.$\Lambda < 1$ のときは,どんな $\vec{x}_{t-1}$ についても $|\boldsymbol{A}\vec{x}_{t-1}| \leq \Lambda |\vec{x}_{t-1}| < |\vec{x}_{t-1}|$ となるので過去の状態の記憶は指数的に減衰し[9],したがってモデルは弱定常性を満たす.AR モデルとしては通常はこのような条件を満たしたものを考える[10].

10.3.2 AR モデルのパラメータ推定
(a) ユール-ウォーカー法によるパラメータ推定

弱定常な AR(m) モデルの自己共分散を計算すると,関係式

---

[9] 時刻 0 での状態の違いが時刻 t での状態へ及ぼす影響の大きさは,$|\boldsymbol{A}^t \vec{x}_0|/|\vec{x}_0| \leq \Lambda^t = e^{(\ln \Lambda)t}$ より $\tau = -1/\ln \Lambda$ を緩和時間として $e^{-t/\tau}$ の速さで減衰する.
[10] 興味深いことに,実際の金融市場時系列では観測期間によって $\Lambda < 1$ と $\Lambda > 1$ の両方の振る舞いが観測されている(たとえば K. Watanabe, H. Takayasu, and M. Takayasu, *Phys. Rev. E*, **80**, 056110(2009)).

$$C_0 = E[x_t x_t] = \sum_{i=1}^m a_i E[x_{t-i} x_t] + E[\xi_t x_t] = \sum_{i=1}^m a_i C_i + \sigma^2,$$
(10.22)
$$C_{k \neq 0} = E[x_t x_{t-k}] = \sum_{i=1}^m a_i E[x_{t-i} x_{t-k}] + E[\xi_t x_{t-k}] = \sum_{i=1}^m a_i C_{k-i}$$
(10.23)

を得る．この関係式を**ユール-ウォーカー**（Yule-Walker）**方程式**という．

ある時系列データについて，その標本自己共分散 $\hat{C}_k$ でユール-ウォーカー方程式 (10.23) の自己共分散項を置き換えた連立方程式：

$$\sigma_{(m)}^2 = \hat{C}_0 - \sum_{i=1}^m a_i^{(m)} \hat{C}_i,$$

$$\begin{pmatrix} \hat{C}_0 & \hat{C}_1 & \cdots & \hat{C}_{m-1} \\ \hat{C}_1 & \hat{C}_0 & \cdots & \hat{C}_{m-2} \\ \vdots & \vdots & \ddots & \vdots \\ \hat{C}_{m-1} & \hat{C}_{m-2} & \cdots & \hat{C}_0 \end{pmatrix} \begin{pmatrix} a_1^{(m)} \\ a_2^{(m)} \\ \vdots \\ a_m^{(m)} \end{pmatrix} = \begin{pmatrix} \hat{C}_1 \\ \hat{C}_2 \\ \vdots \\ \hat{C}_m \end{pmatrix}$$
(10.24)

の解として得られるパラメータ $\sigma_{(m)}^2$, $\{a_i^{(m)}\}$ を**ユール-ウォーカー推定量**という．

ユール-ウォーカー推定量は，AR(m) モデルが真のモデルであった場合にデータ点数 $N \to \infty$ で真のパラメータに一致する性質を持つ推定量（一致推定量）であることがわかっている．また，関係式

$$\sigma^2 = E[\xi_t^2] = E\left[\left(x_t - \sum_{i=1}^m a_i x_{t-i}\right)^2\right] = C_0 - 2\sum_{i=1}^m a_i C_i + \sum_{i=1}^m \sum_{j=1}^m a_i a_j C_{i-j}$$

より $\frac{\partial \sigma^2}{\partial a_i} = -2C_i + 2\sum_{j=1}^m a_j C_{i-j}$ なので，ユール-ウォーカー推定量 (10.24) は方程式 $\frac{\partial \sigma^2}{\partial a_i} = 0$ の解，すなわち「標本自己共分散 $\hat{C}_k$ を真の自己共分散とみなし，そのもとで AR モデルのノイズ項（予測の誤差の期待値）が最小になるような係数を選んだ」ことに対応していることがわかる．

(b) 偏自己相関係数

式 (10.24) から，m 次のモデルのユール-ウォーカー推定量は $(m-1)$ 次のモデルについての推定量を利用して

$$a_m^{(m)} = \left(\hat{C}_m - \sum_{l=1}^{m-1} a_l^{(m-1)} \hat{C}_{m-l} \right) \Big/ \sigma_{(m-1)}^2, \tag{10.25}$$

$$a_i^{(m)} = a_i^{(m-1)} - a_m^{(m)} a_{m-i}^{(m-1)}, \tag{10.26}$$

$$\sigma_{(m)}^2 = \sigma_{(m-1)}^2 \left[1 - \left(a_m^{(m)} \right)^2 \right] \tag{10.27}$$

と順に求めていくことができる（Levinson-Durbin のアルゴリズム）[11]．

式 (10.25) は，各次数の AR モデルの最高次の自己回帰係数 $a_m^{(m)}$ が，m だけ離れた時刻間の相関係数から，「$(m-1)$ 以下の時刻の間の線形相関しかないと仮定したときに期待される相関」を差し引いた量であることを示している．このため，$a_m^{(m)}$ はタイムラグ m の**偏自己相関係数** (Partial Autocorrelation, PARCOR) にほかならない．このことから，ある時系列について m 次までのユール-ウォーカー推定をすることで，AR モデルの係数と同時にタイムラグ m までの偏自己相関係数が求まることがわかる．上述の MATLAB スクリプトで紹介した `[a,e,rc1]=aryule(x,m)` は，Levinson-Durbin のアルゴリズムによって m 次までの AR モデルのユール-ウォーカー推定量を逐次計算する．このため，この関数の返り値のうち `rc1` $= -a_k^{(k)}$（これは反射係数と呼ばれる）から偏自己相関係数を計算したわけである．

また，式 (10.27) からはモデルの次数 m とともに予測誤差 σ_m^2 が単調に減少することもわかる．

(c) 最尤法による AR モデルパラメータ推定

AR モデルの係数は最尤法によっても求めることができる．

観測値 $(x_t, x_{t-1}, \cdots, x_{t-m})$ に対するパラメータ $\theta = (\sigma, \{a_i\})$ の $\mathrm{AR}(m)$ モデルの尤度は，$\xi_t \sim N(0, \sigma^2)$ より

---

[11] 導出の詳細はここでは省いたが，興味のある読者は，北川源四郎『時系列解析入門』（岩波書店，2005）などを参照されたい．

$$p(x_t|x_{t-1},\cdots,x_{t-m};\theta) = \frac{1}{\sqrt{2\pi\sigma^2}}\exp\left\{-\frac{1}{2\sigma^2}\left(x_t - \sum_{i=1}^m a_i x_{t-i}\right)^2\right\}$$
(10.28)

であるので,簡単のため最初の m 点は条件付確率の計算にだけ使って捨てるという扱いをすると[12]),時系列 $\{x_t\}$ の対数尤度は

$$l(\theta) = \ln \prod_{t=m+1}^N p(x_t)$$
$$= -\frac{(N-m)\ln(2\pi\sigma^2)}{2} - \frac{1}{2\sigma^2}\sum_{t=m+1}^N \left(x_t - \sum_{i=1}^m a_i x_{t-i}\right)^2 \quad (10.29)$$

となる.この尤度を最大化する σ は尤度方程式

$$\frac{\partial l(\theta)}{\partial \sigma^2} = -\frac{N-m}{\sigma^2} + \frac{1}{\sigma^4}\left[\sum_{t=m+1}^N \left(x_t - \sum_{i=1}^m a_i x_{t-i}\right)^2\right] = 0 \quad (10.30)$$

より

$$\sigma_*^2 = \frac{1}{N-m}\left[\sum_{t=m+1}^N \left(x_t - \sum_{i=1}^m a_i x_{t-i}\right)^2\right] \quad (10.31)$$

と求まり,またこの σ_* のもとで尤度

$$l(\{a_i\}) = -\frac{(N-m)}{2}\left(\ln(2\pi\sigma_*^2) + 1\right) \quad (10.32)$$

を最大化する係数 $\{a_i^*\}$ は σ_*^2 を最小化するものなので,最尤な係数は誤差

$$\sum_{t=m+1}^N \left(x_t - \sum_{i=1}^m a_i x_{t-i}\right)^2 \quad (10.33)$$

の最小化,すなわち各点について $(x_{t-1},\cdots,x_{t-m})$ を説明変数,x_t を目的変数とした最小 2 乗法によって求めることができる.最尤法で求めたこのパラメータも,一致推定量であることが知られている.

---

[12]) 次数 m の選択のためには,捨てるデータ点の数を最高次に揃えればよい.

10.3.3 自己回帰移動平均モデル

(a) 移動平均（MA）モデル

AR(m) モデルでは，その定義から明らかに，モデルの次数 m より長いタイムラグについて偏自己相関は 0 になる．一方で，実際の時系列では，非常に長いタイムラグまでにわたって偏自己相関係数が有意に 0 より大きいということがしばしば観測される．この性質を説明できる簡単な線形モデルの一例が，ある時刻の値が過去のノイズの線形和で書けるとした**移動平均**（Moving Average, MA）**モデル**：

$$x_t = \xi_t + \sum_{j=1}^{n} b_j \xi_{t-j} \quad \left(\xi_t \sim N(0, \sigma^2),\ E[\xi_t \xi_{s(\neq t)}] = 0\right) \tag{10.34}$$

である．タイムラグ n までの係数を持っている移動平均モデルを MA(n) と表す．このモデルについて平均と分散の期待値を計算すると

$$E[x_t] = E[\xi_t] + \sum_{j=1}^{n} b_{t-j} E[\xi_{t-j}] = 0, \tag{10.35}$$

$$E\left[x_t^2\right] = E\left[\left(\xi_t + \sum_{j=1}^{n} b_j \xi_{t-j}\right)^2\right] = \left(1 + \sum_{j=1}^{n} b_j^2\right) \sigma^2 \tag{10.36}$$

となる．ここからわかるように，n が有限の MA モデルは必ず弱定常である．また，n が無限の場合でも，$\sum_{j=1}^{\infty} |b_j| < \infty$ が満たされる場合は上式の無限級数が収束して同じように計算でき，弱定常となる．

MA(n) モデルでは，定義から明らかなように自己相関係数は $n+1$ 以上のタイムラグについて 0 となるが，偏自己相関は一般に無限に長いタイムラグまで残りうる．一方で，式 (10.16) などでもみたように定常な AR(m) モデルは一般に定常な MA(∞) モデルに書き直せるので，こちらは偏自己相関の残る長さが有限であるが，自己相関が無限に長く残るという性質を示すことになる．この点で，AR モデルと MA モデルは相補的な特徴を持つといえる（図 10.2）．

(b) ARMA(m, n) モデル

AR モデルと MA モデルとを合わせ，時系列のある時刻の値が自身の過

去の値と過去から現在までに受けた各時刻独立なノイズの線形和で書けるとするモデル：

$$x_t = \sum_{i=1}^{m} a_i x_{t-i} + \xi_t + \sum_{j=1}^{n} b_j \xi_{t-j} \quad (\xi_t \sim N(0, \sigma^2), \; E[\xi_t \xi_{s(\neq t)}] = 0) \tag{10.37}$$

を**自己回帰移動平均**（Auto-Regressive Moving Average, ARMA）**モデル**といい，自己回帰と移動平均をとる時刻の深さを明記して ARMA(m,n) と書く．AR(m) モデルは ARMA$(m,0)$ モデル，MA(n) モデルは ARMA$(0,n)$ モデルとそれぞれ同じである．

AR モデルの弱定常条件：$\Lambda < 1$ と MA モデルの弱定常条件：$\sum_{j=1}^{\infty} |b_j| < \infty$ をともに満たす ARMA(m,n) モデルは弱定常で，

$$x_t = \sum_{i=1}^{m} a_i x_{t-i} + \xi_t + \sum_{j=1}^{n} b_j \xi_{t-j} = \sum_{i=0}^{\infty} g_i \xi_i \quad \left(g_0 = 1, \; \sum_{i=0}^{\infty} |g_i| < \infty\right) \tag{10.38}$$

と，定常な MA(∞) モデルとして書ける[13]．このときの係数 g_i は「ある時刻にこのモデルが受けたノイズ（や外部入力）の影響が時間 i 後にどのくらい残るか」を表すもので，インパルス応答関数と呼ばれる．またこの書き換えから，auto-regressive（自己回帰的）の名前どおり $E[x_t] = 0$ であることも確認できる．

与えられた時系列を最もよく再現する定常な ARMA(m,n) モデルのパラメータも，最尤法などで推定することができる．

10.3.4 より一般の線形モデル

(a) ARIMA モデル

ランダムウォークの例において，時系列そのものは定常ではないが，その差分 $\Delta^1 x_t = x_t - x_{t-1}$ は定常な白色雑音となることを上でみた．金融時系列など，時系列がランダムウォーク的な性質を持つことが疑われる場合に時

---

[13] この性質のことを「この ARMA モデルは因果的である」という．

系列の差分をとって解析するのはこのためである.

同様に，より一般に元の時系列の時間 t の k 次の階差 $\Delta^k x_t$ をとることで k 次多項式の形のトレンドまでを除去することができるので，コレログラムなどをみて適切な次数の階差をとり[14]，そののちに定常時系列モデルを適用するのがよい.

この考え方に従って「時系列の k 次の階差をとったものに ARMA モデルを適用」したモデルは **ARIMA(m, k, n) モデル**（Auto-Regressive Integrated Moving Average model）と呼ばれる．MATLAB で ARMA モデルや ARIMA モデルのパラメータ推定をする命令は armax である.

(b) 状態空間モデル

統計モデルのダイナミクス $\vec{x}_t = \vec{f}_t(\vec{x}_{t-1}) + \xi_t$ の関数 $\vec{f}_t$ として線形なものを考え，時系列 $\vec{y}_t$ はこのシステムをある次元の観測量の組で観測ノイズ $\vec{w}_t$ とともに記録したものだとみなすと，時系列のモデルは一般に

$$\vec{x}_t = \boldsymbol{F}_t \vec{x}_{t-1} + \boldsymbol{G}_t \vec{\xi}_t,$$
$$\vec{y}_t = \boldsymbol{H}_t \vec{x}_t + \vec{w}_t \qquad (10.39)$$

となる．これを一般に状態空間モデルという．モデルが定常の場合は，システムのダイナミクスとその観測の仕方が時間的に変わらないので $\boldsymbol{F}_t = \boldsymbol{F}$, $\boldsymbol{G}_t = \boldsymbol{G}$, $\boldsymbol{H}_t = \boldsymbol{H}$ である.

ARMA(m, n) モデルは，システムの状態ベクトルを $\vec{x}_t = (x_t, \cdots, x_{t-(m-1)})$ とし，このシステムのすべての自由度を直接ノイズなしで観測できるとした場合，つまり，$\boldsymbol{H}_t = \boldsymbol{E}, \vec{w}_t = \vec{0}$ の状態空間モデルの一例といえる．ARIMA モデルも同様に，定常な状態空間モデルの一種として書ける.

このようにとらえ直しておくと，適切なモデル選定の際に見通しがよい．また，対象のシステムの構造について知っていることがある場合には，それを $\boldsymbol{F}_t$ に反映させることができる.

---

[14] より客観的にこの判断を行うには単位根検定というものがある.

10.3.5　時系列モデルの活用と評価

　実際の時系列は一般に定常ではなく，またどのようなモデルが妥当かも不明なことが多い．弱定常性については各期間での平均（移動平均）や分散の変化の有無で検証でき，またたとえばトレンドがあった場合には階差をとることで問題を切り分けることができる．線形性と定常性を仮定してのこれらの変化は，より積極的に時系列の変化点の検出に使うこともできる．

　モデルのパラメータ推定の際に与えるべき次数 m についても，対象の系について自由度の数のあたりがつく場合はその知見を積極的に使うべきであるが，一般には未知のものである．これはコレログラムや偏コレログラムをみて決める，もしくは AIC などを基準にして選択する必要がある．

　もしも定常な期間のトレンドの除去と次数の設定が適切であったならば，推定によって得られたモデルにおける残差は白色雑音的であるはずである．残差の自己相関関数がデルタ関数的であるか，残差の分布は正規分布的であるか，残差と元の時系列の値の間に相関がないか，などをチェックすることで，推定の際に設けた仮定の妥当性について検証することができる．

10.4　非定常性，非線形性の扱い

　以下では時系列の非線形性や非定常性を扱う手法について紹介していく．

10.4.1　非線形時系列モデルの例
(a)　ARCH モデル

　ARIMA モデルでみたように，階差をとる処理をすることにより，時系列 x_t の非定常性のうち平均値の時間依存性については対処することができる．しかしながらたとえば株価変動については，その騰落はほぼランダムであるのに対して騰落の幅（価格変動の幅）は長い時間相関を持つこと（volatility clustering）が知られている．このような，時系列の揺らぎの大きさが過去の揺らぎに依存する振る舞いを表したモデル：

$$X_t = \sigma_t \xi_t, \quad \sigma_t^2 = a_0 + \sum_{i=1}^{p} a_i X_{t-i}^2 \quad (\xi_t \sim U(0,1), \ a_0 > 0, a_i \geq 0)$$
(10.40)

を **ARCH(p) モデル** (Auto Regressive Conditional Heteroscedasticity model: 自己回帰的不均一分散性モデル)[15]という. また, AR モデルに対する ARMA モデルのように, 過去のノイズに対する直接の依存項の入った

$$X_t = \sigma_t \xi_t, \quad \sigma_t^2 = a_0 + \sum_{i=1}^{p} a_i X_{t-i}^2 + \sum_{j=1}^{q} b_j \xi_{t-i}^2 \quad (b_i \geq 0) \quad (10.41)$$

は **GARCH(p,q) モデル** (Generalized ARCH model) という. これらのモデルは金融時系列などでよく用いられてきたもので, MATLAB にも `arch`, `garch` などの関数が用意されている.

10.4.2 非線形時系列解析
(a) トランスファーエントロピー

システム X の時系列 x_t とシステム Y の時系列 y_t から 2 つのシステムの間の相互作用 (因果関係) を推定したいとする. これには, すでに紹介してきたように x_t と y_t の間の相互相関係数 (10.12) や偏相関係数が基本となるが, これらは線形な相関を測るものであるので非線形な関係性については正しく評価することができない.

この問題を解決するために, 過去の X の時系列の情報が今の Y の状態に影響しているかを相互情報量 (9.13) で測るというのが以下のトランスファーエントロピー (transfer entropy) のアイディアである[16]. 時系列 z_t の過去 k ステップまでの部分列を $z_t^{(k)} = (z_t, z_{t-1}, \cdots, z_{t-k+1})$ と書くことにする. トランスファーエントロピーは, システム Y の過去の時系列だけを知っている場合の y_t の条件付確率分布と, Y に加えて X の過去の時系列も知っている場合の y_t の条件付確率分布との K-L 情報量で定義される:

---
[15] 難しく聞こえるが, 式のとおり conditional variance と読み替えればよい.
[16] T. Schreiber, *Phys. Rev. Lett.*, **85**(2), 461-464 (2000).

$$T_{X\to Y} = \sum_t p(y_{t+1},\ y_t^{(k)},\ x_t^{(l)})\ \ln \frac{p(y_{t+1}|y_t^{(k)},\ x_t^{(l)})}{p(y_{t+1}|y_t^{(k)})}. \tag{10.42}$$

もし X から Y へ何の影響も及ぼされていないのであれば，$p(y_{t+1}|y_t^{(k)},\ x_t^{(l)})$ は $p(y_{t+1}|y_t^{(k)})$ と同じ分布になるので $T_{X\to Y}$ はほぼ 0 となるはずである．逆に，もし $T_{X\to Y}$ が有意に 0 より大きければ，X から Y へ何らかの因果的影響があるということがいえる．逆向きの $T_{Y\to X}$ もともに計算することで，どちらのシステムがより因果の上流にいるのかを推定することができる．

過去何ステップかの時系列の状態に応じた条件付確率 $p(y_{t+1},\ y_t^{(k)},\ x_t^{(l)})$ をデータから推定するために比較的長い時系列が必要であるという実際的な問題はあるが，トランスファーエントロピーは経済系や生体中での隠れたつながりを解析するのに活用されている．

(b) リターンマップ

時系列から対象系の非線形なダイナミクスの情報をとる 1 つの方法として，時系列の値をある周期や特徴点（ピーク値など）で観測してその連続する 2 つの値のプロットをとるという手法があり，これをリターンマップという．

簡単な例として横軸に x_t をとり縦軸に x_{t+1} をとったリターンマップの例を図 10.3（5 行目）に示した．非線形なモデルである**エノン写像**（Hénon map）[17]：

$$\begin{aligned} x_t &= 1 - ax_{t-1}^2 + x_{t-1}, \\ x_t &= bx_{t-1} \end{aligned} \quad \text{（図の例では } a=1.4, b=0.4\text{）} \tag{10.43}$$

の生み出す時系列は，線形モデルの範囲ではかなり大きな自由度をとったものでもうまく再現できていない（x_{t-1} までの情報を使っても x_t の予測（破

---

[17] エノン写像はカオス研究において重要な役割を果たしてきた離散時間のモデルであり，図の例に選んだパラメータ $a=1.4, b=0.4$ での初期値 $x_0 \in (0,1), y_0 \in (0,1)$ からの軌道はカオスアトラクタとなる．興味のある読者は，K. T. アリグッド，T. D. サウアー，J. A. ヨーク『カオス 力学系入門』第 1 巻，第 2 巻（津田一郎 監訳，丸善出版，2012）や原著論文：M. Hénon, *Commun. Math. Phys.*, **50**, 69-77(1976) などを参照されたい．

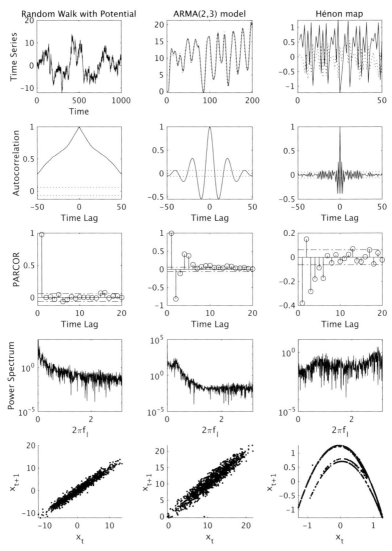

図 10.3 （左）$a=0.99$ の AR(1) モデル（弱いポテンシャル中のランダムウォーク），（中央）ARMA(2,3) モデル，（右）エノン写像についての，それぞれ時系列（1 行目），自己相関関数（2 行目），偏自己相関関数（3 行目），パワースペクトル（4 行目），リターンマップ（5 行目）．時系列の図の破線は，$m=20$ の AR モデルによる x_{t-1} までの時系列を用いた x_t の予測値．線形モデルによる予測は，線形モデルの時系列についてはうまくいっている一方で非線形写像であるエノン写像についてはうまくいかない．

10.4 非定常性，非線形性の扱い 231

MATLAB いろいろの時系列の線形モデリングとリターンマップによる非線形解析の例（図 10.3）

```
N=1000; t=1:N; %時系列の長さ
maxlag=50; %自己相関関数計算用の最大ラグ
ARlag=20; %線形モデルの最大次数 m

% a=0.99 の AR(1) モデルの時系列生成
rng(7,'twister'); %乱数の初期化
x_rw=randn(1,N); %標準正規分布に従う長さ N の白色雑音
for n=2:N %
    x_rw(n)=0.99*x_rw(n-1)+x_rw(n);
end
% ARMA(2,3) モデル
xi=rand(1,N); %各時刻独立なノイズ
x_23=randn(1,N);
for n=4:N
    x_23(n)=1.8*x_23(n-1)-0.9*x_23(n-2)
    +1.5*xi(n-1)-0.5*xi(n-2)+1.2*xi(n-3);
end
% エノン写像
x_he=zeros(1, N); x_he=zeros(1, N);
x_he(1)=rand; x_he(1)=rand; %x, y の初期条件
for n=2:N
    x_he(n)=1.0-1.4*x_he(n-1)*x_he(n-1)+x_he(n-1);
    x_he(n)=0.3*x_he(n-1);
end

% 時系列の解析（以下は Random Walk x_rw についてのみ）
% 自己相関関数とパワースペクトル
[c_rw,lags]=xcorr(x_rw-mean(x_rw), maxlag, 'normalized');
[ps_rw, f_rw]=periodogram(x_rw);
% AR(m) モデルによるパラメータ推定と，それによる短期予測時系列
[a_rw, e_rw, rc_rw]=aryule(x_rw, ARlag);
AR_rw=filter(-a_rw(2:end),1,x_rw);

% 描画（Random Walk のみ，自己相関関数，偏自己相関係数，パワースペクトルについては既出なので省略）
% 時系列本体と，その短期予測値の描画
plot(t, x_rw, 'k')
xlim([0 1000])
hold on
plot(t, AR_rw, "r--")
hold off
% リターンマップの描画
scatter(circshift(x_rw, 1), x_rw, "k.")
xlabel('x_t')
ylabel('x_{t+1}')
```

線）がうまくいかない）．一方で，この時系列が非線形ながら実は簡単な法則に従っていることがリターンマップによりとらえられている．

- x_23=randn(1,N) は時系列の格納用配列を生成するとともに，x_23(2)，x_23(3) の値をランダムな初期条件として使っている．

- [c_rw,lags]=xcorr(x_rw-mean(x_rw),maxlag,'normalized')：自己相関函数の計算．

- [a_rw,e_rw,rc_rw]=aryule(x_rw,ARlag)：AR(m) モデルのパラメータ推定：a_rw に係数 $-a_i^{(m)}$，e_rw に $\sigma^2_{(m)}$，rc_rw に反射係数 $-a_m^{(i)}$ がそれぞれ返ってくる．

- AR_rw=filter(-a_rw(2:end),1,x_rw)：得られた AR(m) モデルと $t-1$ までの時系列を使って予測した x_t の予測値の列の生成．

- [ps_rw,f_rw]=periodgram(x_rw)：時系列のピリオドグラムの計算．

- circshift(x,k) は配列 x の要素を k だけ循環的に（右に）シフトさせる命令．これを使って，scatter(circshift(x_rw,1),x_rw) で x 軸にある時刻 t，y 軸に次の時刻 $t+1$ での時系列の値をとったリターンマップを描画している．

事項索引

[英数字]

2 項分布　47
2 点分布　46
2 標本 F 検定　150
2 標本 t 検定　149
AIC　→　赤池情報量基準
ARCH モデル　228
ARIMA モデル　226
AR モデル　218
Box-Cox 変換　206
csv 形式　19
Excesl 形式　19
F 検定　150
　2 標本――　150
F 分布　55, 80
GARCH モデル　228
Levinson-Durbin のアルゴリズム　222
MCMC 法　168
NaN　31
p 値　145
Q-Q プロット　59
t 検定　137, 149, 150
　2 標本――　149
　ウェルチの――　150
t 分布　57, 81
z 検定　134
χ^2 分布　55, 78

[あ行]

赤池情報量基準　193
イジングスピン　174
一様分布　52
一様乱数　46
移動中央値　208
移動平均　208
移動平均 (MA) モデル　224
エノン写像　232

演算速度　2
エントロピー　→　情報量
　条件付き――　188
　相対――　189
オープンデータ　19

[か行]

回帰直線　88
回帰分析　→　単回帰分析
階差（差分）　207
概収束　110
過学習　95
確率　20, 25
　――空間　26
　――の公理　25
　事後――　157
　事前――　157
　条件付――　27
確率関数　36
確率収束　110
確率変数　35
　――の変換　76
　――のヤコビ行列　77
確率密度関数　37
過誤　130
　第一種の――　130
　第二種の――　130
仮説検定　129
画像エントロピー　184
過適合　95
可変精度　2
関係演算子　13
完全加法族　25
ガンマ関数　53
ガンマ分布　52
擬似相関　70
擬似乱数　21
期待値　42

ギッブスサンプリング　170
帰無仮説　130
逆累積分布関数　117
強定常性　209
共分散　69
　——行列　72, 98
行列　8
　——演算　10
　——関数　12
区間推定　122
　母分散の——　127
　母平均の——　125
組み込み関数　7
クメール–ラオの不等式　191
グラム行列　91
クロス集計表　143
傾向変動　207
計算時間の測定　14
欠損データ　115
検出力　130
検定統計量　137
交絡要因　70
固有値問題　99
コルモゴロフの公理　→　確率の公理
コルモゴロフの不等式　111
コレログラム　212

[さ行]

再帰性　164
最小誤差近似　86
最小2乗法　86
最適多項式　197
最尤法　180
自己回帰移動平均 (ARMA) モデル　225
自己回帰モデル　218
事後確率　156
自己相関函数　211
事後分布　161
指数分布　52
事前確率　154
自然な共役分布の属　167
事前分布　161
四分位数　31

弱定常性　210, 220
重回帰分析　90
集合　24
　共通——　25
　空——　25
　真部分——　25
　積——　25
　——の元　24
　——の要素　24
　部分——　25
　和——　25
自由度 (χ^2 分布)　55
自由度 (F 分布)　55
自由度 (t 分布)　57
周辺確率密度関数　65
周辺分布関数　64
周辺尤度　161
主成分　99
　——分析　97
状態空間モデル　226
乗法公式　27
情報量　183
　カルバック・ライブラーの——　189
　シャノン——　184
　相互——　188
　フィッシャー——　191
　平均——　184
信頼区間　123
信頼係数　123
信頼水準　123
信頼度　127
スクリプト言語　2
スコア関数　191
スチューデント分布　→　t 分布
スピン　174
正規分布　53
説明変数　88
尖度　44
相関係数　69
　——行列　72
相互相関　214

[た行]

大数の強法則　110
大数の弱法則　109
対数変換　206
対数尤度関数　180
対立仮説　130
多項分布　139
多変量正規分布　66
単回帰分析　87
チェビシェフの不等式　107
中央値　31
中心極限定理　112
適合度検定　142
点推計　118
ド・モアブル-ラプラスの定理　111
同一性検定　148
統計学　17
　記述——　17
　推計——　17
　ベイズ——　17
同時確率関数　64
同時確率密度関数　65
同時分布　63
　——関数　64
特異値分解　102
特性関数　45
独立　73
　——性検定　143, 200
　——な確率変数　73
度数　33
　——分布図　33
　——分布表　32
トランスファーエントロピー　229

[な行]

ネイマン-ピアソンの補題　131
ノンパラメトリック　118

[は行]

倍精度浮動小数点数　8
排他的　26
バイプロット　103

箱ひげ図　31
外れ値　32
パラメトリック　118
パワースペクトル　214
ヒストグラム　→　度数分布図
ビット　8
ビュホンの針　24
標準化　97
標準正規分布　53
標準偏差　42
標本　17
　——自己相関　212
　——抽出　119
　——分散　119
　——平均　119
　——空間　25
　——点　25
ピリオドグラム　215
ビン　33
不偏推定量　120
不偏分散　120
ブラウン運動　163
プレインスクリプト　5
分散　42
　——の加法性　75
分布関数　→　累積分布関数
平均値　42
　——の加法性　75
平均2乗誤差　86
ベイズ更新　162
ベイズ推定　161
ベイズの公式　153, 157
ベイズの定理　→　ベイズの公式
ベータ関数　56
　正規化不完全——　56
　不完全——　56
ベクトル　8
　——化　15
ベルヌーイ試行　46
偏自己相関　211, 222
偏相関係数　70
ポアソン分布　49
母集団　17

母数　118
ボックスチャート　→　箱ひげ図
ほとんど確実に収束する　→　概収束
母比率　123
母分散　118
　　——の区間推定　127
母平均　118
　　——の区間推定　125
ボレル-カンテリの定理　111

[ま行]

マルコフ過程　168
マルコフの不等式　106
マルコフ連鎖　168
　　——モンテカルロ法　→　MCMC法
メディアン　31
メトロポリス・ヘイスティングス・アルゴリズム　173
メトロポリス法　173
メルセンヌ・ツイスター　21
　　——のシード　21
メンデルの法則　143, 200
モーメント　43
　　——母関数　43
目的変数　88
モジュロ演算　29

モンティ・ホール問題　153
モンテカルロ・シミュレーション　22
モンテカルロ法　22

[や行]

有意　129
　　——水準　129
尤度　157, 179
　　——方程式　180
尤度関数　161, 179
　　対数——　180
尤度比検定　131
ユール-ウォーカー法　221

[ら行]

ライブスクリプト　5
乱数　21
ランダムウォーク　163, 219
リターンマップ　232
累積分布関数　37
劣化画像修復　175
ロジカル変数　47
ロジット変換　206

[わ行]

歪度　43

MATLAB コマンド索引

... 32
, 8
: 32
; 8
<= 13
< 13
== 13
>= 13
>> 5
> 13
[A,B] 12
[A;B] 12
&& 29
~= 13
1i 7
A' 9
A(:) 10
A(:,n) 10
A(m,:) 10
A*B 11
a*b 7
A+10 10
a+b 7
A.' 8
A.*B 11
A.^(-1) 12
a/b 7
a=1 7
a=a+1 7
a=c 7
A^(-1) 12
a^n 7
area 126
aryule 218
betapdf 167
binopdf 50
biplot 103
boxchart 32

caxis 67
cdfplot 38
ceil 175
chi2cdf 59
chi2inv 127, 143
chi2pdf 59, 127
clear 15
colormap('gray') 185
colororder 55, 127
contour 170
corrcoef 72
cov 72
crosstab 146
cumsum 164
daspect([1 1 1]) 66
dataset2table 146
detrend 207
diff 207
eye(n) 9
fcdf 59
figure 92
find 88
fitdist 136
for 14
fpdf 59, 150
funm(A, @ cos) 12
funm(A, @ sin) 12
gamcdf 108
gaminv 62, 134
gampdf 108
gprotmatrix 85
grid on 40
gscatter 84
histfit 40
histogram 33
histogran2 66
hold off 34
hold on 34

icdf 117, 135
if 14
imbinarize 186
imhist 185
imread 174
imresize(Image,0.2) 185
inv(A) 8
isnan 93
kurtosis 44
license 6
linspace 95
load 148
mean 24, 44
mesh 92
meshgrid 67
mod(n,a) 29
movmean 208
movmedian 208
movvar 210
mvnpdf 67, 170
mvnrnd 72
n=1:1:10 14
nanmean 92
newcolors 127
normpdf 54, 61, 133
normrnd 40, 172
ones(n) 92
pca 102
periodogram 215, 218
pi 7
plotmatrix 85
poisspdf 50
polyfit 88
polyval 88
qqplot 61
rand([1,n]) 46
rand(n) 15

```
rand(n1,n2)   24              stem   218              ver   6
randn(n1,n2)   66             subplot   33            view   92
randn                         sum(A)   24             vpa   2
 (n1,n2,mu,sigma)   66        sum(A,2)   24           whos   185
regress   92                  surf   67               whos -file XXX   92
repelem   38                  tcdf   59               xcorr   212
repmat(a,n1,n2)   32          text   32, 85           xlabel   33
repmat   29                   tic   14                xlim([a,b])   49
reshape   67                  tinv   126, 137         xlsread   30
rgb2gray   185                toc   14                ylabel   33
rmmissing   93, 115           tpdf   59               ylim([c,d])   49
rng   21, 46, 72              ttest   138             yyaxis   55
scatter   72                  ttest2   149, 150       zeros(n)   9
skewness   44                 type   6                zlabel   92
sort   62, 95                 var   122               zscore   100
std   44                      vartest2   150          ztest   136
```

[著者略歴]

藤原毅夫
東京大学名誉教授．工学博士．
1944 年生まれ．1967 年東京大学工学部卒業．東京大学助手，筑波大学助教授，東京大学助教授を経て，1990 年東京大学大学院工学系研究科教授．2007 年東京大学を定年退職，2007-2017 年東京大学大学総合教育研究センター特任教授．2017-2022 年東京大学数理・情報教育研究センター特任教授．
主要著書：『固体電子構造論』（内田老鶴圃，2015），『MATLAB クイックスタート』（東京大学出版会，2021）など．

島田尚
東京大学大学院工学系研究科システム創成学専攻准教授．博士（工学）．
1975 年生まれ．1998 年東京大学工学部卒業．JST 研究員，東京大学工学系研究科助手，助教，特任講師などを経て 2018 年より現職．

MATLAB による統計解析
データサイエンスの基礎を学ぶ

2025 年 3 月 17 日　初　版

[検印廃止]

著　者　藤原毅夫・島田尚
　　　　ふじわらたけお　しまだたかし

発行所　一般財団法人 東京大学出版会
　　　　代表者　中島隆博
　　　　153-0041 東京都目黒区駒場 4-5-29
　　　　電話 03-6407-1069／FAX 03-6407-1991
　　　　振替 00160-6-59964

印刷所　大日本法令印刷株式会社
製本所　誠製本株式会社

ⓒ2025 Takeo Fujiwara and Takashi Shimada
ISBN 978-4-13-062467-1　Printed in Japan

[JCOPY]〈出版者著作権管理機構 委託出版物〉
本書の無断複写は著作権法上での例外を除き禁じられています．複写される場合は，そのつど事前に，出版者著作権管理機構（電話 03-5244-5088，FAX 03-5244-5089，e-mail: info@jcopy.or.jp）の許諾を得てください．

MATLAB クイックスタート	藤原毅夫	A5 判/2,500 円
データ科学のための微分積分・線形代数 　　MATLAB で体験する数学基礎	藤原毅夫・藤堂眞治	A5 判/3,400 円
統計学入門 　　基礎統計学 I	東京大学教養学部 統計学教室編	A5 判/2,800 円
自然科学の統計学 　　基礎統計学 III	東京大学教養学部 統計学教室編	A5 判/2,900 円
統計学	久保川達也・国友直人	A5 判/2,800 円
Python によるプログラミング入門 東京大学教養学部テキスト 　　アルゴリズムと情報科学の基礎を学ぶ	森畑明昌	A5 判/2,200 円
情報科学入門　　Ruby を使って学ぶ	増原英彦 他	A5 判/2,500 円
MATLAB/Scilab で理解する数値計算	櫻井鉄也	A5 判/2,900 円
情報　第 2 版　東京大学教養学部テキスト	山口和紀 編	A5 判/1,900 円

ここに表示された価格は本体価格です．ご購入の
際には消費税が加算されますのでご了承下さい．